黄河流域

青海段水资源 对 未来气候变化的响应

主　编　刘义花

副主编　李红梅　刘绿柳　温婷婷

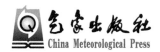

气象出版社
China Meteorological Press

内 容 简 介

本书综合分析了观测期黄河流域青海段主要气候要素时空变化特征以及该流域五个水文站径流量的时间变化特征,在此基础上,进一步揭示了观测期不同时段流量变化的主因。结合最新发布的全球气候模式 CMIP6 数据及两个水文模型,采用多模型、多站点、多水文变量、多气候条件加强水文模型的率定、验证方法,研究了碳中和愿景下黄河流域青海段水资源量、极端水文事件对未来气候变化的响应程度。本书紧紧围绕青海生态环境保护和国家黄河流域高质量发展的战略实施需求,研究内容可为地方应对气候变化提供科学参考和依据。

图书在版编目(C I P)数据

黄河流域青海段水资源对未来气候变化的响应 / 刘
义花主编. -- 北京 : 气象出版社,2024.1
ISBN 978-7-5029-7563-0

Ⅰ. ①黄… Ⅱ. ①刘… Ⅲ. ①黄河流域—水资源—响
应—气候变化—研究—青海 Ⅳ. ①P468.244②TV211.1

中国国家版本馆CIP数据核字(2024)第040245号

黄河流域青海段水资源对未来气候变化的响应
Huanghe Liuyu Qinghaiduan Shuiziyuan dui Weilai Qihou Bianhua de Xiangying

出版发行:气象出版社

地 址:北京市海淀区中关村南大街 46 号		**邮政编码:**100081	
电 话:010-68407112(总编室) 010-68408042(发行部)			
网 址:http://www.qxcbs.com		**E-mail:** qxcbs@cma.gov.cn	
责任编辑:张 嫒		**终 审:**张 斌	
责任校对:张硕杰		**责任技编:**赵相宁	
封面设计:楠竹文化			
印 刷:北京建宏印刷有限公司			
开 本:787 mm×1092 mm 1/16		**印 张:**5.5	
字 数:137 千字			
版 次:2024 年 1 月第 1 版		**印 次:**2024 年 1 月第 1 次印刷	
定 价:45.00 元			

本书如存在文字不清、漏印以及缺页、倒页、脱页等,请与本社发行部联系调换。

《黄河流域青海段水资源对未来气候变化的响应》
编委会

主　　编：刘义花

副 主 编：李红梅　　刘绿柳　　温婷婷

编写人员：李　林　　翟建青　　许红梅　　王紫文　　马有绚

　　　　　张　璐　　陈东辉　　申红艳　　胡亚男　　董少睿

　　　　　陶世银　　冯晓莉　　白彦芳　　樊　宗　　叶丽珠

　　　　　颜玉倩　　严继云　　李漠雨　　汪青春　　赵海梅

前　　言

根据《巴黎协定》《全球升温 1.5 ℃特别报告》等文件，为应对气候变化不利影响，全球平均升温幅度与工业革命前相比需要控制在 2.0 ℃以内，争取控制在 1.5 ℃以内。为实现这一愿景，2020 年 9 月习近平主席在第七十五届联合国大会上宣布，中国二氧化碳排放力争 2030 年前达到峰值，2060 年前实现碳中和。青藏高原作为"世界屋脊"和"地球第三极"，由于其独特的高原地形，对我国乃至世界的气候都有重要影响，因此，亟须开展气候变化对青藏高原生态环境影响研究，以提升应对气候变化的行动力，为碳中和愿景实现提供强有力的科技支撑。

黄河流域青海段是指青海省境内黄河流域，该流域径流量占整个黄河流域径流量的 49.2%，是黄河流域水资源的重要组成部分，也是黄河中下游社会经济发展的重要支柱。据《2020 年青海省水资源公报》，黄河流域青海段地表水资源量 325.5 亿 m³，占总水资源量的 99.7%，其地表水资源量的变化可以反映和代表黄河流域青海段水资源的变化。受全球气候变暖影响，极端天气和气候事件在全球和区域范围内更易发生，给自然生态系统带来巨大的负面影响，因此，有必要开展气候变化背景下的径流量变化研究，为提升青海水资源涵养能力、推进黄河流域国家战略实施提供科学依据。

本书共分 6 章。第 1 章绪论，由刘义花、李红梅、温婷婷、赵海梅编写。第 2 章黄河流域青海段气候变化事实，由刘义花、王紫文、李漠雨、严继云、樊宗编写。第 3 章黄河流域青海段流量变化特征，由刘义花、白彦芳、颜玉倩、陶世银编写。第 4 章黄河流域青海段流量变化归因分析，由刘绿柳、李林、申红艳、马有绚、董少睿、胡亚男、叶丽珠编写。第 5 章黄河流域青海段未来气候变化特征，由温婷婷、刘义花、翟建青、陈东辉、许红梅编写。第 6 章黄河流域青海段流量预估，由刘义花、李林、刘绿柳、李红梅、翟建青、许红梅、张璐、汪青春编写。本书中图幅由樊宗、叶丽珠、温婷婷制作。

本书出版得到青海省科技厅基础研究项目"黄河流域青海段水资源对未来气候变化的响应"（2022-ZJ-767）的资助。

由于作者水平有限，书中难免有错误之处，希望读者批评指正。

刘义花

2023 年 9 月 6 日

目　　录

绪　论

　　青藏高原是世界屋脊、亚洲水塔,生态环境脆弱,对全球变化尤为敏感,其升温幅度超过全球同期平均升温率的 2 倍。受气候变化影响,冰川退缩、积雪消融、冰湖数量和面积增大,冰川泥石流和冰湖溃决多发(康世昌 等,2020)。未来气候持续增暖,气候变化及极端气候事件对青藏高原水资源及气候水文极端事件带来的风险加大,水资源安全和灾害风险管理等问题将日益凸显。因此,亟须开展全球气候变化对青藏高原水资源和极端水文事件影响研究,为制定碳中和目标下应对气候变化行动,防范气候风险提供强有力的科技支撑。

　　黄河流域青海段是我国重要的水资源涵养区,水资源时空变化对整个黄河流域水资源具有重要的影响,而气候要素和土地利用的时空变化是引起水资源变化的主要原因。近 100 年以来,全球气候经历了以变暖为主要特征的变化,极端天气和气候事件在全球和区域范围内更易发生,并给生态系统带来了巨大的负面影响(黄国如 等,2015;姜彤 等,2020),如 2020 年夏季果洛州降水量突破历史极值,多地出现暴雨洪涝灾害,致使唐乃亥夏季流量列 1956 年以来第二多,龙羊峡水库超限汛水位运行超过 40 d,对沿黄流域生态安全极为不利。全球气候变化和人类活动是影响产汇流机制的两大主要因素(Pan et al.,2019),Wu 等(2019)指出,唐乃亥以上地区降水在径流变化中起主导作用,占比 64.2%,温度变化对径流的显著影响占 25.9%,目前黄河流域可用水量和需水量的时空分布异质性加剧,水资源配置及可持续利用面临严峻的挑战(Jing et al.,2021)。

　　目前相关研究表明,黄河源区径流量呈明显减少趋势(王静 等,2011;刘秀 等,2019;王欢等,2019;Hou et al.,2020;张小兵 等,2020;于海超 等,2020),因降水控制短期径流变化,而温度决定径流的长期变化(蓝永超 等,2006;王道席 等,2020)。地球系统模式是了解历史并预测未来潜在气候变化的重要工具,其采用数值模拟方法研究地球各圈层之间的联系和演变规律,基于第五次国际耦合模式比较计划(CMIP5)气候模式研究未来黄河上游地区径流量的相关研究表明,未来 40 年内黄河上游流域径流量表现为减少趋势(Lan et al.,2010;Liu et al.,2018)。相比 CMIP5,第六次国际耦合模式比较计划(CMIP6)气候模式在气候要素的空间分布和偏差上都有一定的提升,对区域气温、降水的模拟效果更好(姜彤 等,2020)。综上所述,本书着眼于未来全球气候模式 CMIP6 最新情景数据,阐明未来气候变化对黄河流域青海段水资源量、极端水文事件的影响,研究成果为黄河流域青海段生态环境保护、水资源合理配置提供科学依据。

　　黄河发源于青海省的巴颜喀拉山北麓,流经青海省 29 个县级行政区划单位,黄河流域青海段位于 32°12′—35°48′N,95°50′—103°28′E,流域面积约 17.8 万 km²,海拔高度为 1592 ～

6253 m,土地利用类型主要以耕地、林地、草地、水域、居民用地为主,黄河流域青海段土壤类型主要以薄层土、简育栗钙土、简育黑钙土为主。本书按照黄河流经青海地区人类活动由弱到强的分布特点以及水系、水文站点分布情况,将黄河流域青海段划分为玛曲流域(河源至玛曲水文站区域)、唐乃亥流域(玛曲水文站至唐乃亥水文站区域)、唐乃亥至省界流域、湟水河流域以及大通河流域5个子流域(图1.1)。黄河流域青海段年降水量322.9~595.0 mm,年平均气温1.1~4.7 ℃,气候和水文特性具有明显的季节变化,4—9月集中了89.3%的年降水量和70.2%的年径流量。

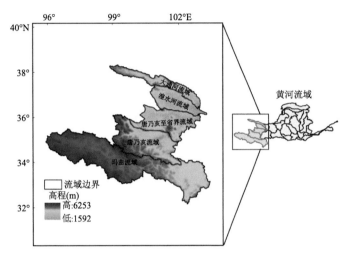

图1.1　黄河流域青海段位置示意图

第 2 章

黄河流域青海段气候变化事实

2.1　平均气温变化特征

1961—2020 年黄河流域青海段年平均气温为 3.2 ℃(图 2.1a),较气候平均值(1991—2020 年)3.8 ℃偏低 0.6 ℃,最低值为 1.8 ℃(1962 年),最高值为 4.7 ℃(2016 年),年平均气温总体呈阶梯状上升的特点,升温速率为 0.38 ℃/10 a,明显高于全国的升温速率(0.26 ℃/10 a)。从年代际平均气温变化来看,20 世纪 60—80 年代平均气温为 2.5~2.7 ℃,20 世纪 90 年代、2000—2020 年平均气温分别为 3.2 ℃、4.1 ℃,且较 20 世纪 60—80 年代明显偏高。由各地年平均气温时间倾向率空间分布可知,除河南以 0.1 ℃/10 a 速率减少外,其余站点升温速率为 0.1~0.7 ℃/10 a,其中互助、大通、同德升温速率在 0.6 ℃/10 a 以上(图 2.1b)。

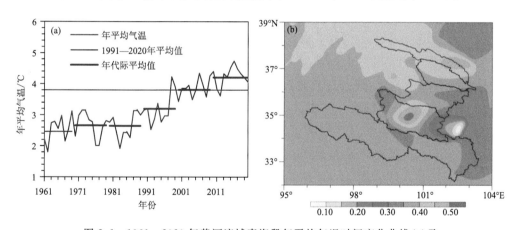

图 2.1　1961—2020 年黄河流域青海段年平均气温时间变化曲线(a)及平均气温时间倾向率(单位:℃/10 a)空间分布(b)

采用曼-肯德尔法(Mann-Kendall 方法,简称 M-K)突变检验法进行 1961—2020 年黄河流域青海段年平均气温的突变检验(图 2.2),M-K 方法中 UF 为标准正态分布,是按时间顺序正向计算出的统计量序列,UB 是进行反序计算得到的另一统计量序列,UF、UB 的绝对值大于或等于 1.96 时通过了置信度 $\alpha=95\%$ 的显著检验,UF 大于 0 表示序列呈上升趋势,UF 小于 0 表示序列呈下降趋势,若 UF 曲线和 UB 曲线在临界值范围内相交,则交点为突变起始点(陈子豪 等,2021)。由 1961—2020 年黄河流域青海段平均气温的突变检验可知,1988 年以后,UF 一直大于 0,说明黄河流域青海段平均气温呈持续升高趋势,1998 年以后,气温升高趋势显著($P>0.05$),UF 和 UB 曲线在置信区间内无交点,表明近 60 年来黄河流域青海段平均气温无明显突变现象。

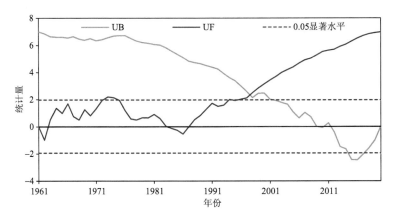

图 2.2 1961—2020 年黄河流域青海段年平均气温 M-K 突变检验

2.2 平均降水量变化特征

1961—2020 年黄河流域青海段多年平均降水量为 442.3 mm(图 2.3a),较气候平均值(1991—2020 年)446.6 mm 偏少约 1%,降水量的最小值为 336.1 mm(1962 年),最大值为595.0 mm(1967 年)。近 60 年以来黄河流域青海段降水量总体呈多—少—多波动变化特点,降水量的增多率为 6.5 mm/10 a。从年代际变化来看,20 世纪 60—80 年代降水量为 434.1~444.1 mm,20 世纪 90 年代降水量相对较少,为 422.7 mm,2000—2020 年平均降水量为456.0 mm,降水量较其他时段明显增多。由各地降水量的时间倾向率空间分布(图 2.3b)可知,河南、互助、民和降水量以 1.2~8.1 mm/10 a 的速率减少;玛多、兴海、贵南、甘德、泽库、同德、西宁及海晏增多率为 12.9~23.1 mm/10 a,其中贵南降水量的增多率最大;其余地区增多率在 9.8 mm/10 a 以下。总体来看,黄河干流区域增多趋势明显高于支流区域。

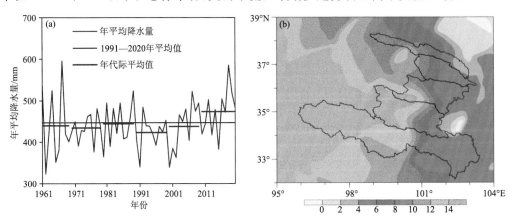

图 2.3 1961—2020 年黄河流域青海段年平均降水量时间变化曲线(a)及
年平均降水量时间倾向率(单位:mm/10 a)的空间分布(b)

采用 M-K 突变检验法进行 1961—2020 年黄河流域青海段年降水量的突变检验（图 2.4），2007 年以后，UF 一直大于 0，说明黄河流域青海段年降水量呈持续增加趋势，UF 和 UB 曲线在置信区间内有一个交点，交点的位置为 2015 年，表明黄河流域青海段降水量于 2015 年前后存在明显突变现象。

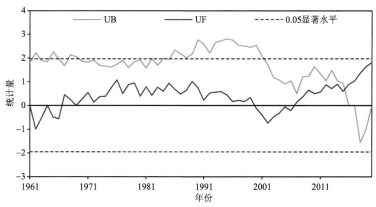

图 2.4　1961—2020 年黄河流域青海段年降水量 M-K 突变检验

2.3　平均潜在蒸发量变化特征

采用彭曼公式计算得到 1961—2020 年黄河流域青海段潜在蒸发量（图 2.5a），近 60 年来黄河流域青海段年平均潜在蒸发量为 954.8 mm，较气候平均值（1991—2020 年）965.3 mm 偏少 10.5 mm，其中最小值为 856.0 mm（1989 年），最大值为 1105.2 mm（2010 年），近 60 年来黄河流域青海段潜在蒸发量总体呈增加趋势，增加率为 6.0 mm/10 a。从年代际变化来看，20 世纪 80 年代、90 年代潜在蒸发量相对较小，分别为 924.1 mm、934.6 mm，其余年代际潜在蒸发量为 952.8～978.5 mm。由各地潜在蒸发量的时间倾向率空间分布（图 2.5b）可知，化隆、贵德、兴海潜在蒸发量以 0.5～4.3 mm/10 a 的速率减少，贵南、西宁年潜在蒸发量减少率相对较大，减少率分别为 19.3 mm/10 a、22.4 mm/10 a；其余站点潜在蒸发量均呈增多趋势，增多率为 0.9～19.9 mm/10 a，其中，同仁潜在蒸发量的增多率最大。

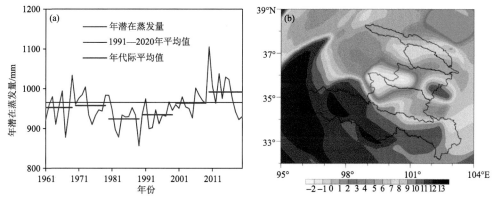

图 2.5　1961—2020 年黄河流域青海段平均潜在蒸发量变化时间变化曲线（a）及
潜在蒸发量时间倾向率（单位：mm/10 a）空间分布（b）

采用 M-K 突变检验法进行 1961—2020 年黄河流域青海段平均潜在蒸发量的突变检验（图 2.6），2008 年以后，UF 一直大于 0 且潜在蒸发量增加趋势显著（$P>0.05$），说明黄河流域青海段潜在蒸发量呈持续增加趋势。UF 和 UB 曲线在置信区间内有一个交点，交点的位置为 2005 年，表明黄河流域青海段潜在蒸发量在 2005 年前后存在明显突变现象。

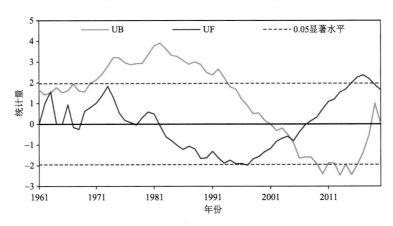

图 2.6　1961—2020 年黄河流域青海段年潜在蒸发量 M-K 突变检验

综上所述，受全球气候变暖影响，1961—2020 年黄河流域青海段年平均气温总体呈阶梯状上升的特点，年平均降水量和年平均潜在蒸发量均呈现显著增加趋势，黄河流域青海段年平均气温和年平均降水量的变化趋势与相关研究结论较为一致（李红梅 等，2022）；近 60 年来黄河流域青海段年平均气温无明显突变现象，年平均降水量、年平均潜在蒸发量的突变年份分别是 2015 年、2005 年。

第 3 章

黄河流域青海段流量变化特征

据《2017 年青海省水资源公报》，黄河流域青海段地表水资源量 210.3 亿 m³，地下水资源量 92.7 亿 m³，地下水与地表水重复量 92.1 亿 m³，地表水资源量约占总水资源量的 99.7%，流量的变化可以很好地反映和代表黄河流域青海段水资源的变化。因此，本章以 1961—2020 年黄河流域青海段水文站流量观测数据为基础，分析玛曲、唐乃亥、循化、民和、享堂水文站(水文站简称站)流量的时间变化特征，以此来反映黄河流域青海段水资源变化的特征。

黄河流域青海段径流的主要补给来源是降水，其次是冰雪融水和地下水，其中大气降水约占总径流的 70%(李林 等，2004；常国刚 等，2007)。由于黄河流域青海段降水多集中在 5—9 月，5—9 月降水量占全年降水量的 85% 左右，该时段降水产生的径流量约占全年径流量的 65%。

3.1 观测期玛曲站流量时间变化特征

1961—2020 年玛曲站年平均流量以每 10 年 6.0 m³/s 的速率减少，近 60 年玛曲站年平均流量为 465.7 m³/s，年平均流量最大值出现在 2020 年，为 782.0 m³/s，较 1991—2020 年平均流量值偏多约 80.4%，年平均流量最小值出现在 2002 年，为 225.6 m³/s，较 1991—2020 年平均流量值偏少约 48.0%(图 3.1a)。从玛曲站逐年流量距平百分率变化来看，1961—1989 年玛曲站流量进入相对丰水期，流量偏多年份有 18 年，偏少年份有 11 年；1990—2008 年玛曲站流量转为相对枯水期，其中，20 世纪 90 年代仅 3 年流量偏多，偏少年份有 7 年；2000—2020 年有 12 年流量偏少，9 年流量偏多(图 3.1b)。

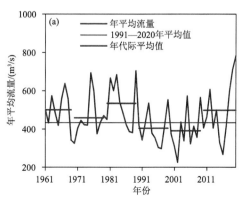
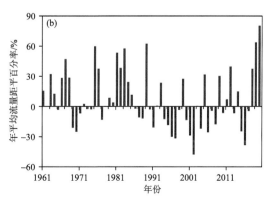

图 3.1　1961—2020 年玛曲站年平均流量(a)及流量距平百分率(b)变化

采用 M-K 突变检验法和降水-流量双累积曲线突变分析法对玛曲站 1961—2020 年平均流量进行突变检验。由图 3.2a 可知,1991 年以后,UF 一直小于 0,说明玛曲站年平均流量呈持续减少的趋势,2001—2011 年玛曲站年平均流量减少趋势显著($P<0.05$),UF 和 UB 曲线在置信区间内交点的位置为 1985 年,表明玛曲站年流量于 1985 年前后存在明显突变现象。由图 3.2b 可知,利用双累积曲线方法进行玛曲站流量突变分析(穆兴民 等,2010),表明玛曲站 1986 年流量发生了明显的变化,1961—1986 年和 1987—2020 年累积流量、累积降水量与年份的相关系数分别为 0.991、0.999,表明线性拟合程度较高,两种方法突变检验结果较一致。

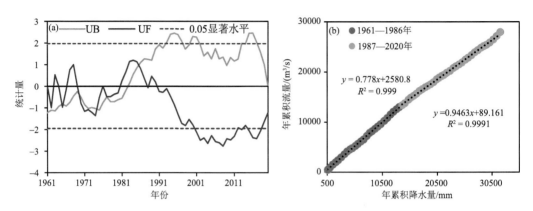

图 3.2　1961—2020 年玛曲站年流量 M-K 突变检验(a)和降水-流量双累积曲线突变检验(b)

从各月平均流量的变化(图 3.3)来看,1961—1985 年为玛曲站流量转折前时段,该时段玛曲站月流量呈双峰型分布,7 月、9 月流量较其他月份相对较大;1986—2020 年为流量转折后的时段,玛曲站各月流量转为单峰型,转折后 7—10 月流量明显小于转折前平均流量变化。

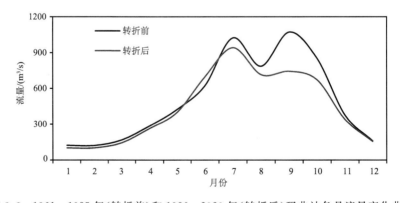

图 3.3　1961—1985 年(转折前)和 1986—2020 年(转折后)玛曲站各月流量变化曲线

3.2　观测期唐乃亥站流量时间变化特征

1961—2020 年唐乃亥站年平均流量总体以每 10 年 6.3 m³/s 的速率减少,近 60 年唐乃亥站年平均流量为 655.1 m³/s,其中,最大年平均流量为 1040 m³/s(1989 年),较 1991—2020 年平均流量值偏多约 69.5%;2002 年平均流量为 335.0 m³/s,为近 60 年来最小,较 1991—2020

年平均流量值偏少约 45.4%（图 3.4a）。从唐乃亥站逐年流量距平百分率的变化来看，1961—1989 年唐乃亥站流量进入相对丰水期，流量偏多年份有 18 年，偏少年份有 11 年；1990 年以来唐乃亥站流量转为相对枯水期，其中 1990—1999 年仅 3 年流量偏多，偏少年份有 7 年；2000—2020 年流量前期偏枯、后期偏丰，期间 11 年流量偏少，10 年流量偏多（图 3.4b）。

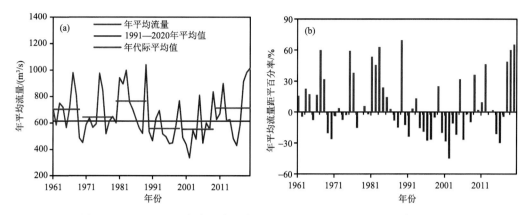

图 3.4　1961—2020 年唐乃亥站年平均流量(a)及流量距平百分率(b)变化

采用 M-K 突变检验法和降水-流量双累积曲线突变分析法对唐乃亥站 1961—2020 年平均流量进行突变检验。由图 3.5a 可知，1991 年以后，UF 一直小于 0，说明唐乃亥站年平均流量呈持续减少的趋势，2000—2011 年平均流量减少趋势显著（$P<0.05$），2012—2020 年减少趋势不明显。UF 和 UB 曲线在置信区间内有一个明显交点，交点的位置为 1985 年，表明唐乃亥站年流量于 1985 年前后存在明显突变现象。由图 3.5b 可知，双累积曲线的斜率在 1985 年发生了明显的变化，1961—1985 年和 1986—2020 年累积流量、累积降水量与年份的相关系数均为 0.999，表明线性拟合程度均较高。

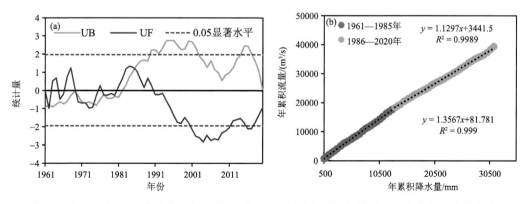

图 3.5　1961—2020 年唐乃亥站年流量 M-K 突变检验(a)和降水-流量双累积曲线突变检验(b)

从各月平均流量的变化（图 3.6）来看，1961—1985 年为唐乃亥站流量转折前各月流量的平均值，唐乃亥站年内各月流量呈双峰型分布，7 月、9 月流量较其他月份较大；1986—2020 年为流量转折后各月流量的平均值，唐乃亥站各月流量转为单峰型，转折后 7—10 月流量明显小于转折前平均流量变化。

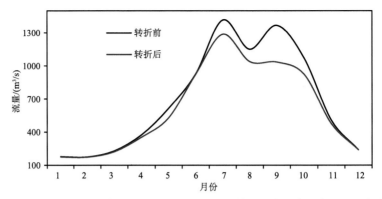

图 3.6　1961—1985 年(转折前)和 1986—2020 年(转折后)唐乃亥站各月流量变化曲线

3.3　观测期循化站流量时间变化特征

1961—2020 年循化站以每 10 年 16.5 m³/s 的速率减少,1961—2020 年循化站平均流量为 684.8 m³/s,其中,最大年平均流量为 1120.0 m³/s(2020 年),较 1991—2020 年平均流量值偏多约 76.6%;2003 年平均流量为 384.0 m³/s,为近 60 年来最小,较 1991—2020 年平均值偏少约 39.5%(图 3.7a)。从循化站逐年流量距平百分率变化(图 3.7b)来看,1970—1989 年循化站流量进入相对丰水期,流量偏多年份有 12 年,偏少年份有 8 年;1990—2005 年循化站流量进入相对枯水期,其中,流量偏少年份 13 年,偏多年份有 3 年;2006—2020 年循化站流量进入相对丰水期,有 11 年流量偏多,4 年流量偏少。

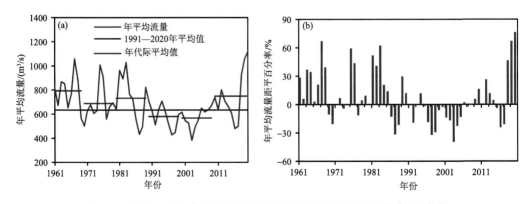

图 3.7　1961—2020 年循化站年平均流量(a)及流量距平百分率(b)变化

采用 M-K 突变检验法和降水-流量双累积曲线突变分析法对循化站 1961—2020 年平均流量进行突变检验。由图 3.8a 可知,1986 年以后 UF 一直小于 0,说明循化站年平均流量有持续下降的趋势,1997—2019 年,年平均流量下降趋势显著(P<0.05),2020 年下降趋势趋缓。UF 和 UB 曲线在置信区间内仅有 2 个交点,表明循化站年流量于 1969 年、1976 年前后存在明显突变现象。由图 3.8b 可知,双累积曲线的斜率仅在 1969 年发生了明显的变化,1961—1969 年和 1970—2020 年累积流量、累积降水量与年份的相关系数分别为 0.999 和 0.995,表明线性拟合程度较高。鉴于两种方法研究结果,循化站年流量于 1969 年前后发生了突变。

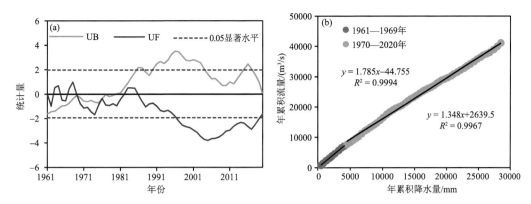

图 3.8　1961—2020 年循化站年流量 M-K 突变检验(a)和降水-流量双累积曲线突变检验(b)

　　从各月平均流量的变化(图 3.9)来看,1961—1969 年为循化站流量转折前各月流量的平均值,循化年内各月流量呈双峰型分布,7、9 月流量较其他各月相对较大;1970—2020 年为流量转折后各月流量的平均值,循化站各月流量转为单峰型,转折后 1—4 月、12 月流量明显高于转折前同期流量,而 5—11 月流量明显低于转折前同期流量。

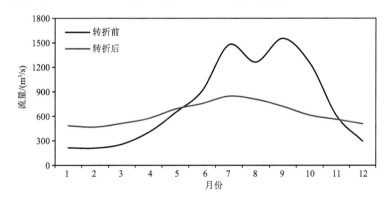

图 3.9　1961—1969 年(转折前)和 1970—2020 年(转折后)循化站各月流量变化曲线

3.4　观测期民和站流量时间变化特征

　　1961—2020 年民和站平均流量以每 10 年 0.3 m³/s 的速率增加,近 60 年民和站多年平均流量为 51.3 m³/s,年平均流量最大值出现在 1961 年,为 98.7 m³/s,较 1991—2020 年平均流量值偏多 100.2%;近 60 年民和站年平均流量最小值出现在 1991 年,为 22.5 m³/s,较 1991—2020 年平均流量值偏少 54.4%(图 3.10a)。从民和站逐年流量距平百分率变化(图 3.10b)来看,1961—1979 年民和站为相对枯水期,流量偏多年份有 8 年,偏少年份有 11 年;1980—1990 年民和站流量转为相对丰水期,流量偏多年份有 8 年,偏少年份有 3 年;1991—2004 年民和站流量为相对枯水期,其中,流量偏多年份有 1 年,偏少年份有 13 年;2005 年以来由枯转丰,7 年流量偏少,9 年流量偏多。

　　采用 M-K 突变检验法和降水-流量双累积曲线突变分析法对民和站 1961—2020 年平均流量进行突变检验。由图 3.11a 可知,1997—2017 年,UF 一直小于 0,说明民和站年平均流

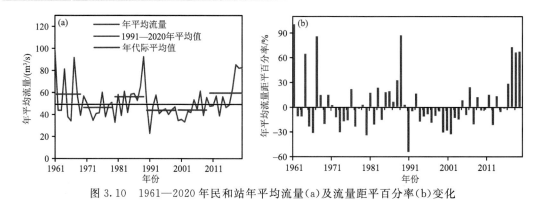

图 3.10　1961—2020 年民和站年平均流量(a)及流量距平百分率(b)变化

量在该时段有持续下降的趋势,2018 年以后处于回升期。UF 和 UB 曲线在置信区间内有三个交点,但最明显的交点的位置为 2017 年,表明民和站年流量于 2017 年前后存在明显突变现象。由图 3.11b 可知,双累积曲线的斜率在 2017 年发生了明显的变化,1961—2017 年和 2018—2020 年累积流量、累积降水量与年份的相关系数均为 0.999,表明线性拟合程度较高,两种方法突变检验结果较一致。

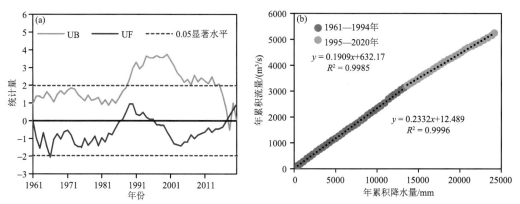

图 3.11　1961—2020 年民和站年流量 M-K 突变检验(a)和降水-流量双累积曲线突变检验(b)

从各月平均流量的变化来看,1961—2016 年为民和站流量转折前各月流量的平均值,民和站年内各月流量呈单峰型分布,9 月平均流量较大;2017—2020 年为流量转折后各月流量的平均值,民和站各月流量仍呈单峰型分布(图 3.12),转折后各月流量明显低于转折前同期流量。

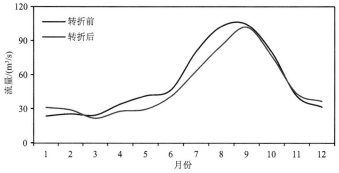

图 3.12　1961—2016 年(转折前)和 2017—2020 年(转折后)民和站各月流量变化曲线

3.5　观测期享堂站流量时间变化特征

1961—2020 年享堂站年平均流量以每 10 年 2.2 m^3/s 的速率减少,近 60 年享堂站多年平均流量为 87.3 m^3/s,年平均流量最大值出现在 1989 年,为 159.0 m^3/s,较 1991—2020 年平均流量值偏多约 94.6%;近 60 年享堂站年平均流量最小值出现在 2015 年,为 63.3 m^3/s,较 1991—2020 年平均流量值偏少约 22.5%(图 3.13a)。由享堂站逐年流量距平百分率变化(图 3.13b)来看,1961—1999 年享堂站流量进入相对丰水期,流量偏多年份有 29 年,偏少年份有 10 年;2000—2020 年享堂站流量总体以偏丰为主,但期内丰枯转换明显,其中,流量偏多年份有 12 年,偏少年份有 9 年。

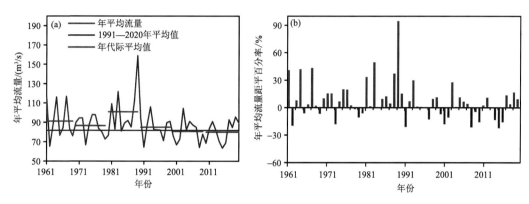

图 3.13　1961—2020 年享堂站年平均流量(a)及流量距平百分率(b)变化

采用 M-K 突变检验法和降水-流量双累积曲线突变分析法对享堂站 1961—2020 年平均流量进行突变检验。由图 3.14a 可知,1996 年以后,UF 一直小于 0,说明享堂站年平均流量呈持续减少的趋势,2013—2018 年,年平均流量下降趋势显著($P<0.05$),2019—2020 年下降趋势趋缓。UF 和 UB 曲线在置信区间内仅有 1 个交点,交点的位置为 1994 年,表明享堂站年平均流量于 1994 年前后存在明显突变现象。由图 3.14b 可知,双累积曲线的斜率在 1994 年发生了明显的变化,1961—1994 年和 1995—2020 年累积流量、累积降水量与年份的相关系数分别为 0.999、0.999,表明线性拟合程度较高,两种方法突变检验结果较一致。

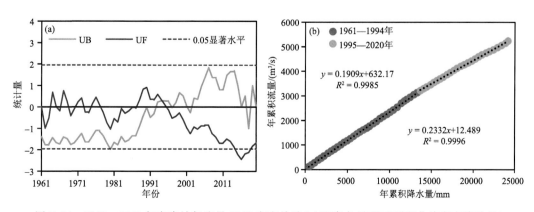

图 3.14　1961—2020 年享堂站年流量 M-K 突变检验(a)和降水-流量双累积曲线突变检验(b)

从各月平均流量的变化来看,1961—1994 年为享堂站流量转折前各月流量的平均值,享堂站年内各月流量呈单峰型分布,7 月平均流量最大;1995—2020 年为流量转折后各月流量的平均值,享堂站各月流量仍呈单峰型分布(图 3.15),转折后 5—8 月流量明显低于转折前同期各月流量。

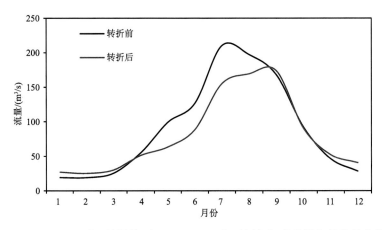

图 3.15　1961—1994 年(转折前)和 1995—2020 年(转折后)享堂站各月流量变化曲线

综上所述,近 60 年以来民和站年平均流量呈现微弱增加趋势,其余 4 个水文站年平均流量均呈减少趋势,其中,循化站年平均流量减少趋势最明显,与众多学者研究结论一致(韩添丁等,2004;李林 等,2011;王有恒 等,2021;孙永寿 等,2023)。黄河流域干流区域玛曲站、唐乃亥站和循化站的年流量突变年份分别为 1985 年、1985 年和 1969 年,支流区域民和站和享堂站的年流量突变年份分别为 2017 年和 1994 年。近 60 年来黄河干流区域 3 个水文站相对丰水期主要集中出现在 1970—1989 年、2017—2020 年,枯水期主要集中出现在 1990—2005 年;黄河支流区域民和站相对丰水期主要集中出现在 1980—1990 年,枯水期主要时段为 1991—2004 年;享堂站丰水期主要集中出现在 1961—1999 年。

第4章

黄河流域青海段流量变化归因分析

气候变化主要通过改变降水、蒸散发和相对湿度等影响径流过程,水利工程修建、土地利用变化等人类活动改变了流域下垫面结构,从而对径流过程产生影响(窦小东 等,2019;杨雪琪 等,2023)。近年来定量识别人类活动和气候变化的方法较多(陈利群 等,2007;张淑兰 等,2010;林凯荣 等,2012;吕振豫,2017;李万志 等,2018),其中水热耦合平衡方程和水文模型应用最为广泛(陈仁升 等,2006;周帅 等,2018;商放泽 等,2020;杨旭 等;2022)。其中,水文模型能够模拟多种情景下的水文变化,是分析各因子对径流变化产生影响的重要工具之一。因此,本章利用水文模型模拟多种情景的水文变量,定量分析气候变化和人类活动对黄河流域青海段流量变化的影响。

4.1　流量变化归因定量识别方法

以 1971—1985 年作为基准期,利用该时段所率定的洪水预报模型——水文局水文平衡科(Hydrolologiska Byrans Vattenbalanssektions Model,HBV 模型)物理参数,通过 1986—2016 年气象资料驱动水文模型,进行 1986—2016 年黄河流域青海段天然流量模拟。根据基准期模拟流量、影响期实测流量和模拟流量,分析气候变化和人类活动对黄河流域青海段流量的影响,各流量模拟情景见表 4.1。影响期实测流量与天然流量的差值由人类活动所引起,影响期模拟天然流量与基准期流量差值由气候变化所引起,人类活动又进一步分为土地利用/土地覆盖变化(LUCC)和除 LUCC 外的诸如水库调节、跨流域调水等其他人类活动两部分(刘绿柳 等,2020)。应用公式(4.1)~公式(4.6)依次计算 1986—1995 年、1996—2005 年、2006—2015 年 3 个时段气候变化和人类活动对年流量影响的百分比。考虑到模型存在一定的模拟偏差,

表 4.1　流量模拟情景设定

情景	年份	土地利用年份
基准期	1976—1985	1980
S2	1986—1995	1990
S3	1996—2005	2000
S4	2006—2015	2015
S2 *	1986—1995	1980
S3 *	1996—2005	1980
S4 *	2006—2015	1980

由于不同影响因子可能造成流量的增加或减少,即它们引起的流量变化量可能正负值同时出现,为了方便比较各因子对流量影响相对贡献大小,应用变化量绝对值的方法计算其相对贡献率。

$$\Delta R = R_{obs} - R_{base} = \Delta R_H + \Delta R_C = \Delta R_{LUCC} + \Delta R_C + \Delta R_{WRUBAP} \quad (4.1)$$

$$\Delta R_C = R_{S^*} - R_{base} \quad (4.2)$$

$$\Delta R_{WRUBAP} = R_{obs} - R_S \quad (4.3)$$

$$\xi_C = |\Delta R_C| \times 100\% \div (|\Delta R_H| + |\Delta R_C|) \quad (4.4)$$

$$\xi_{LUCC} = (100 - \xi_C) \times |\Delta R_{LUCC}| \div (|\Delta R_{LUCC}| + |\Delta R_{WRUBAP}|) \quad (4.5)$$

$$\xi_{WRBAP} = (100 - \xi_C) \times |\Delta R_{WRUBAP}| \div (|\Delta R_{LUCC}| + |\Delta R_{WRUBAP}|) \quad (4.6)$$

式中,ΔR 表示影响期观测流量相对基准期模拟流量变化量,单位:m^3/s,R_{obs} 表示观测流量,单位:m^3/s,R_{base} 表示模拟的基准期天然流量,单位:m^3/s,ΔR_H 表示人类活动引起的流量变化量,单位:m^3/s,ΔR_C 表示气候变化引起的流量变化量,单位:m^3/s,ΔR_{LUCC} 表示 LUCC 变化引起的流量变化量,单位:m^3/s,ΔR_{WRUBAP} 表示除 LUCC 外的诸如水库调节、跨流域调水等其他形式的人类活动引起的流量变化量,单位:m^3/s,$S2^*$、$S3^*$、$S4^*$(3 种 S^* 情景)不同情景下模拟的天然流量变化量,单位:m^3/s,$S2$、$S3$、$S4$(3 种 S 情景)不同情景下模拟的天然流量变化量(表 4.1),单位:m^3/s,ξ_C 表示气候变化对流量影响的相对贡献率,单位:%,ξ_{WRBAP} 表示除 LUCC 外的诸如水库调节、跨流域调水等其他形式的人类活动对流量的相对贡献率,单位:%,ξ_{LUCC} 表示 LUCC 对流量影响的相对贡献率,单位:%。依据以上方法开展了黄河流域青海段气候变化和人类活动对流量的影响分析。

4.2 观测期流量变化的归因分析

4.2.1 气候变化和人类活动对玛曲流域流量的影响分析

表 4.2 列出了各情景下模拟流量及不同因子引起的流量变化。1986—1995 年、1996—2005 年、2006—2016 年 3 个影响期观测流量相对基准期模拟流量(512.6 m^3/s)分别减少了 74.4 m^3/s、149.0 m^3/s、91.8 m^3/s。3 个时期气候变化引起的流量分别减少 99.3 m^3/s、173.8 m^3/s、97.6 m^3/s,气候变化对流量影响的相对贡献率分别为 80.1%、87.8%、93.8%。全部人类活

表 4.2 气候变化和人类活动对玛曲流域流量变化影响

项目	1986—1995 年	1996—2005 年	2006—2015 年
观测流量/(m^3/s)	438.2	363.6	420.8
S 情景模拟流量/(m^3/s)	413.1	338.2	415.7
S* 情景模拟流量/(m^3/s)	413.3	338.8	415.0
ΔR/(m^3/s)	−74.4	−149.0	−91.8
ΔR_C/(m^3/s)	−99.3	−173.8	−97.6
ΔR_{WRUBAP}/(m^3/s)	24.7	24.2	6.5
ΔR_{LUCC}/(m^3/s)	0.2	0.6	−0.7
ξ_C/%	80.1	87.8	93.8
ξ_{WRUBAP}/%	19.8	11.9	5.6
ξ_{LUCC}/%	0.2	0.3	0.6

动引起流量的变化分别为 24.9 m³/s、24.8 m³/s、5.8 m³/s,其中,由 LUCC 之外的其他形式的人类活动引起的流量分别增加 24.7 m³/s、24.2 m³/s、6.5 m³/s,且对流量变化的相对贡献率分别为 19.8%、11.9%、5.6%,而 LUCC 对流量的影响较小,相对贡献率不足 1.0%。表明气候变化仍旧是玛曲流域流量变化的主因,自 2006 年以来诸如水库调节、跨流域调水等其他形式的人类活动对流量的影响逐步加深。

4.2.2　气候变化和人类活动对唐乃亥流域流量的影响分析

唐乃亥流域 1986—1995 年、1996—2005 年、2006—2016 年 3 个影响期观测流量相对基准期模拟流量(809.6 m³/s)分别减少了 200.6 m³/s、276.4 m³/s、193.4 m³/s(表 4.3)。3 个时期气候变化引起的流量分别减少 126.4 m³/s、247.1 m³/s、119.2 m³/s,气候变化对流量影响的相对贡献率分别为 63.1%、95.9%、62.4%。全部人类活动引起流量的变化分别为 74.2 m³/s、29.3 m³/s、74.2 m³/s,其中,由 LUCC 之外的其他形式的人类活动引起的流量分别减少 73.9 m³/s、10.5 m³/s、71.9 m³/s,且对流量变化的相对贡献率分别为 36.7%、1.5%、36.5%,而 LUCC 对流量的影响较小,相对贡献率在 3.0% 以下。表明气候变化仍旧是唐乃亥流域流量变化的主因(刘昌明 等,2003),自 2006 年以来水库调节、跨流域调水等其他形式的人类活动对唐乃亥流域流量的影响更为突出。

表 4.3　气候变化和人类活动对唐乃亥流域流量变化影响

项目	1986—1995 年	1996—2005 年	2006—2015 年
观测流量/(m³/s)	609.0	533.2	616.2
S 情景模拟流量/(m³/s)	683.5	581.3	692.7
S* 情景模拟流量/(m³/s)	683.2	562.5	690.4
ΔR/(m³/s)	−200.6	−276.4	−193.4
ΔR_C/(m³/s)	−126.4	−247.1	−119.2
ΔR_{WRUBAP}/(m³/s)	−73.9	−10.5	−71.9
ΔR_{LUCC}/(m³/s)	−0.3	−18.8	−2.3
ξ_C/%	63.1	95.9	62.4
ξ_{WRUBAP}/%	36.7	1.5	36.5
ξ_{LUCC}/%	0.1	2.6	1.2

4.2.3　气候变化和人类活动对唐乃亥至省界流域流量的影响分析

由唐乃亥至省界流域各情景模拟流量及不同因子引起的流量观测变化(表 4.4)可知,1986—1995 年、1996—2005 年、2006—2016 年 3 个影响期观测流量相对基准期模拟流量(757.0 m³/s)分别减少了 144.8 m³/s、246.8 m³/s、101.6 m³/s。3 个时期气候变化引起的流量分别减少 137.0 m³/s、252.1 m³/s、114.5 m³/s,气候变化对流量影响的相对贡献分别为 95.3%、81.9%、62.1%。1986—1995 年全部人类活动引起流量减少 7.8 m³/s,1996—2005 年、2006—2015 年全部人类活动引起流量分别增加 32.7 m³/s、40.3 m³/s,其中,由 LUCC 之外的其他形式的人类活动引起的 1986—1995 年流量减少 8.0 m³/s,而 1996—2005 年、2006—2016 年流量增加 61.9 m³/s、86.7 m³/s。1986—1995 年、1996—2005 年、2006—2016 年

LUCC 之外的其他形式的人类活动对流量变化的相对贡献率分别为 4.5%、12.3%、24.7%，而 LUCC 对流量的影响较大，相对贡献率幅度为 0.1%～13.2%。表明气候变化仍旧是唐乃亥至省界流域流量变化的主因，自 2006 年以来的人类活动尤其是诸如水库调节、跨流域调水等其他形式对流量的影响较大。

表 4.4   气候变化和人类活动对唐乃亥至省界流域流量变化影响

项目	1986—1995 年	1996—2005 年	2006—2015 年
观测流量/(m³/s)	612.2	510.2	655.4
S 情景模拟流量/(m³/s)	619.8	534.1	688.9
S* 情景模拟流量/(m³/s)	620.0	504.9	642.5
ΔR/(m³/s)	−144.8	−246.8	−101.6
ΔR_C/(m³/s)	−137.0	−252.1	−114.5
ΔR_{WRUBAP}/(m³/s)	−8.0	61.9	86.7
ΔR_{LUCC}/(m³/s)	0.2	−29.2	−46.4
ξ_C/%	95.3	81.9	62.1
ξ_{WRUBAP}/%	4.5	12.3	24.7
ξ_{LUCC}/%	0.1	5.8	13.2

4.2.4   气候变化和人类活动对湟水河流域流量的影响分析

由湟水河流域各情景模拟流量及不同因子引起的流量变化(表 4.5)可知，与基准期流量(47.7 m³/s)相比，1986—1995 年、2006—2016 年流量分别增加了 1.3 m³/s、1.5 m³/s，1996—2005 年流量减少了 6.1 m³/s。除 1996—2005 年气候变化引起的流量减少 5.1 m³/s 外，其余时段均增加，增幅为 1.2～4.1 m³/s，1986—1995 年、1996—2005 年、2006—2016 年气候变化对流量变化的相对贡献分别为 85.7%、83.1%、60.0%。1986—1995 年全部人类活动引起流量增加了 0.1 m³/s，1996—2005 年、2006—2016 年全部人类活动引起流量分别减少 0.9 m³/s、2.6 m³/s，其中 3 个时段由 LUCC 之外的其他形式的人类活动对流量变化的相对

表 4.5   气候变化和人类活动对湟水河流域流量变化影响

项目	1986—1995 年	1996—2005 年	2006—2015 年
观测流量/(m³/s)	49.0	41.6	49.2
S 情景模拟流量/(m³/s)	49.0	42.6	51.7
S* 情景模拟流量/(m³/s)	48.9	42.6	51.8
ΔR/(m³/s)	1.3	−6.1	1.5
ΔR_C/(m³/s)	1.2	−5.1	4.1
ΔR_{WRUBAP}/(m³/s)	0.2	−1.0	−2.7
ΔR_{LUCC}/(m³/s)	−0.1	0.1	0.1
ξ_C/%	85.7	83.1	60.0
ξ_{WRUBAP}/%	9.5	16.8	38.2
ξ_{LUCC}/%	4.8	0.2	1.8

贡献率分别为9.5%、16.8%、38.2%,而LUCC对流量的影响较小,相对贡献率在4.8%以下。表明气候变化及人类活动对湟水河流域流量变化起到重要作用,该区域人类活动频繁,对流量的变化影响更为剧烈。

4.2.5　气候变化和人类活动对大通河流域流量的影响分析

由大通河流域各情景模拟流量及不同因子引起的流量变化(表4.6)可知,与基准期流量(89.5 m³/s)相比,1986—1995年模拟流量增加了6.9 m³/s,1996—2005年、2006—2016年流量分别减少6.9 m³/s、9.3 m³/s,除1996—2005年气候变化引起的流量减少4.5 m³/s外,其余2个时段均增加,增加幅度分别为6.0 m³/s、19.6 m³/s,3个时段气候变化对流量变化的相对贡献分别为70.6%、64.3%、35.8%。1986—1995年全部人类活动引起流量增加0.9 m³/s,其余两个时段引起流量分别减少2.4 m³/s、28.9 m³/s,其中,由LUCC之外的其他形式的人类活动对流量变化的相对贡献率分别为12.5%、34.3%、54.5%。表明2006年以来人类活动是大通河流域流量变化的主因,自1996年以来人类活动尤其是诸如水库调节、跨流域调水等其他形式的人类活动对流量的影响更为明显。

表 4.6　气候变化和人类活动对大通河流域流量变化影响

项目	1986—1995 年	1996—2005 年	2006—2015 年
观测流量/(m³/s)	96.4	82.6	80.2
S 情景模拟流量/(m³/s)	92.1	84.9	102.9
S* 情景模拟流量/(m³/s)	95.5	85.0	109.1
ΔR/(m³/s)	6.9	−6.9	−9.3
ΔR_C/(m³/s)	6.0	−4.5	19.6
ΔR_{WRUBAP}/(m³/s)	−2.5	−2.5	−35.1
ΔR_{LUCC}/(m³/s)	3.4	0.1	6.2
ξ_C/%	70.6	64.3	35.8
ξ_{WRUBAP}/%	12.5	34.3	54.5
ξ_{LUCC}/%	16.9	1.4	9.6

综上所述,气候变化和人类活动对流量变化贡献具有时间波动性,其中,干流区域的玛曲流域、唐乃亥流域、唐乃亥至省界流域1986—1995年、1996—2005年以及2006—2015年3个时段的气候变化大于人类活动的相对贡献;与此同时,大通河流域、湟水河流域是青海省经济、农业、文化的中心,青海省71.4%的人口、51.7%的国民生产总值、80%以上的耕地都集中在该区域。因此,大通河流域、湟水河流域人类活动对流量的影响比例要高于干流区域人类活动对流量影响比例。总体来看,降水和冰雪融水量的变化是源区流量的变化的主要原因,区域内用水和耗水加大以及沿河的水库的建设等导致实测流量减少,而冻土退化则是导致年内流量过程线变缓的主要原因(苏贤宝 等,2021;王学良 等,2022)。

第5章

黄河流域青海段未来气候变化特征

5.1 气候模式数据及方法

5.1.1 气候模式数据

地球系统模式是了解历史并预测未来潜在气候变化的重要工具,其采用数值模拟方法研究地球各圈层之间的联系和演变规律,通过分析在统一地球工程情景下不同模式的模拟结果,可以增强对模式模拟结果的可信度,更好地认知不同地球工程方法和情景对气候系统的可能影响和作用机理,为全面评估地球工程的气候和环境效应提供理论依据(曹龙,2019)。第六次国际耦合模式比较计划(CMIP6)与之前发布的第五次国际耦合模式比较计划(CMIP5)相比,CMIP6气候模式在气候要素的空间分布和偏差上都有一定的提升,对区域气温、降水的模拟效果更好(姜彤 等,2020;Xin et al.,2020;Chen et al.,2020;Zhang et al.,2021),高分辨率气候模式对青藏高原等复杂地形区的模拟能力都有明显的改善和提高(胡一阳 等,2021)。

气候模式数据来源于国家气候中心建立的1961—2014年和SSP1-2.6、SSP2-4.5两种排放情景下2015—2060年$0.25° \times 0.25°$分辨率的逐日降水和逐日气温统计降尺度数据集,该数据集已被广泛用于评估气候模式的性能和研究气候变化对中国的影响。该套数据集基于$0.25° \times 0.25°$分辨率的格点化观测气候数据(吴佳 等,2013;Xu et al.,2009;Wu et al.,2019;Wei et al.,2022),通过空间降尺度和基于累积概率分布的等距离偏差订正方法对CMIP6中的8个全球气候模式(GCMs)进行统计降尺度处理而得(表5.1),其对黄河流域降水、气温空间分布形态的再现能力和模拟好于GCMs直接模拟(刘绿柳 等,2021;Wei et al.,2022)。

表5.1 8个CMIP6全球气候模式基本信息

模式名称	研究机构	分辨率(经度×纬度)
ACCESS-ESM-1-5(ACESS)	澳大利亚科学与工业研究组织	$1.2° \times 1.8°$
BCC-CSM2-MR(BCC)	中国气象局国家气候中心	$1.1° \times 1.1°$
CCCma-CanESM5(CCCma)	加拿大气候模拟与分析中心	$2.8° \times 2.8°$
CNRM-ESM2-1(CNRM)	法国国家气象中心	$1.4° \times 1.4°$
HadGEM3-GC31-LL(HadGEM)	英国气象局哈德利中心	$1.3° \times 1.9°$
IPSL-CM6A-LR(IPSL)	法国皮埃尔西蒙拉普拉斯研究所	$1.3° \times 2.5°$
MIROC6(MIROC)	日本海洋地球科学技术所	$1.4° \times 1.4°$
MPI-ESM1-2-HR(MPI-ESM)	德国马克斯普朗克气象研究所	$0.9° \times 0.9°$

5.1.2　气候模式降尺度方法

选取最新发布的 CMIP6 中的气候模式数据,应用空间降尺度和基于累积概率分布的等距离偏差订正结合的方法对 CMIP6 全球气候模式的日降水和日气温数据进行订正(Wood et al.,2004;Su et al.,2016)。考虑到气候观测数据自 1961 年开始稳定,而气候模拟数据历史时期截至 2014 年,为尽可能多地利用观测气候信息,选取 1961—2014 年为训练期。

(1)空间降尺度:假定当前粗分辨率数据中所反映的地形和气候特征在降尺度过程中保持不变。在此前提下,先将观测数据的多年平均月降水量或月平均气温插值至模式分辨率,计算插值后的观测气温与模式气温的差,对于降水则计算插值后观测数据与模式数据的比值。然后将偏差场插值回观测数据分辨率,并与原观测数据相加或相乘,得到 0.25°×0.25° 分辨率的 CMIP6 模式空间降尺度数据。

(2)基于累积概率分布的等距离偏差订正:该方法是气候变化影响预估研究中常用的成熟偏差订正方法。首先建立训练期实测序列、训练期模式模拟序列、预估期模式模拟序列的累积概率分布函数。然后,假定给定累积概率下训练期实测和模拟值的差值在未来时段保持不变,应用公式(5.1)对第一步得到的 CMIP6 模式空间降尺度气候预估值加以订正,从而得到订正后的逐日降水或逐日气温。其中,降水采用 Gamma 分布拟合,温度采用正态分布拟合。

$$cv_{correct} = cv + F_{ot}^{-1}[F_{mc}(cv)] - F_{mt}^{-1}[F_{mc}(cv)] \tag{5.1}$$

式中,F 表示累积概率分布;F^{-1} 表示逆累积概率分布;$cv_{correct}$ 表示预估期模式订正值;cv 表示经过空间降尺度的预估期模式模拟值;ot 表示训练期观测值;mc 表示经过空间降尺度的订正期模式模拟值;mt 表示经过空间降尺度的训练期模式模拟值。

5.2　气候模式综合集成效果评估

由 8 个 GCMs 多模式集合平均的黄河流域青海段 1961—2014 年平均气温、降水量与气象观测值进行对比分析,从而评估降尺度数据集的模拟性能(图 5.1)。据气象观测数据统计表明,1961—2014 年黄河流域青海段年平均气温约为 −1.7 ℃,以 0.3 ℃/10 a($P<0.05$)的速率上升;年平均降水量为 519.4 mm,以 8.8 mm/10 a($P<0.01$)的速率增加,黄河流域青海段暖湿化趋势明显。

多模式集合平均气温在各月份都较观测气温偏低,但年内变化趋势一致,多模式集合平均的平均气温与观测期平均气温相比偏低 0.2 ℃,其中,1—3 月、8—12 月偏低明显,偏低 0.1~0.2 ℃(图 5.1a),多模式集合平均的平均降水量能反映出黄河流域青海段 1961—2014 年降水量主要集中在 5—9 月以及降水峰值出现的月份(图 5.1b),降尺度数据的集合平均值再现了 1961—2014 年的暖湿趋势,但模拟值有 −0.1 ℃ 的冷偏差和 1% 的湿偏差,此外,降尺度后的数据集重现了温度和降水的季节模式。由 8 个 GCMs 多模式集合平均黄河流域青海段 1961—2014 年平均气温及平均降水量的空间分布与气象观测值相比(图 5.2),多模式集合平均的 1961—2014 年黄河流域青海段年平均气温、年平均降水量的空间分布特征与实际观测的年平均气温和年降水量空间分布较为一致,因此,从时间、空间的分布形态看,订正后的年均气温、年降水量的时间、空间分布形态与观测场非常接近,能更好地再现黄河流域青海段气温和

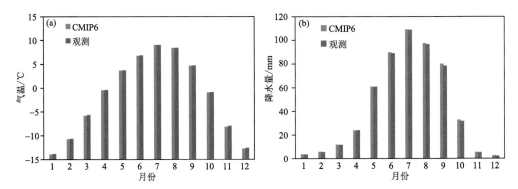

图 5.1　1961—2014 年黄河流域青海段气象观测数据和多模式集合
平均数据的月平均气温(a)与月降水量(b)的年内分布比较

降水实况,总体来看,气候模式能够较好地模拟出 1961—2014 年黄河流域青海段多年平均降
水量和平均气温时空变化。

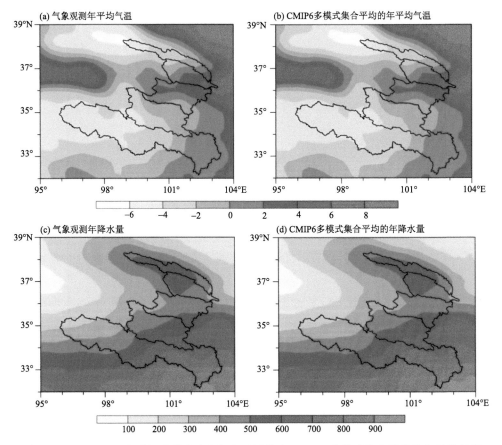

图 5.2　1961—2014 年黄河流域青海段气象观测值和 CMIP6 多模式集合平均的年平均气温
(单位:℃)与年降水量(单位:mm)的空间分布对比

5.3　未来基本气候要素变化特征

5.3.1　平均气温时空变化特征

5.3.1.1　平均气温的时间变化特征

基于 SSP1-2.6（低排放情景）、SSP2-4.5（中等排放情景）两种情景下 CMIP6 中的 8 个 GCMs 气候模式集合平均值，分析了未来 40 年（2021—2060 年）黄河流域青海段年、季平均气温较基准期（1995—2014 年）的时间变化特征。

两种排放情景下，2021—2060 年黄河流域青海段及各子流域年平均气温均呈持续上升的趋势特点（图 5.3），与黄河源区年平均气温变化研究结论一致（杨绚 等，2014；李纯 等，2022；Hu et al.，2022）。与基准期相比，SSP1-2.6 情景下，未来 40 年黄河流域青海段年平均气温升高 1.3 ℃（图 5.4），其中，BCC、MPI-ESM、MIROC 模式升温幅度较小，为 0.7～0.8 ℃，其余模式升温幅度为 1.2～2.2 ℃，CCCma 模式升温幅度最大。SSP2-4.5 情景下，2021—2060 年黄河流域青海段平均气温较基准期升高 1.6 ℃，除 MPI-ESM 模式升高 0.8 ℃外，其余模式升高幅度为 1.1～2.6 ℃，其中，CCCma 模式升温幅度最大。从 5 个子流域平均气温的变化来看，两种情景下，干流区域（玛曲流域、唐乃亥流域、唐乃亥至省界流域）、支流区域（湟水河流域、大通河流域）年平均气温升高幅度较一致，SSP1-2.6 情景下各子流域升温幅度均为 1.3 ℃，

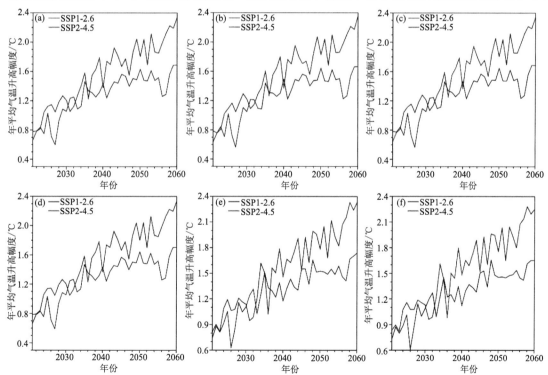

图 5.3　SSP1-2.6 和 SSP2-4.5 两种排放情景下的 2021—2060 年黄河流域青海段多模式集合平均的
年平均气温相对基准期（1995—2014 年）变化曲线

（a）黄河流域青海段；（b）玛曲流域；（c）唐乃亥流域；（d）唐乃亥至省界流域；（e）湟水河流域；（f）大通河流域

SSP2-4.5情景下,各子流域年平均气温升高幅度为1.6℃,但8个气候模式在不同区域上的升温幅度仍有较大差异。

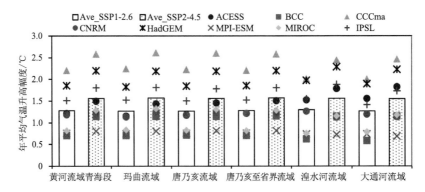

图5.4　SSP1-2.6和SSP2-4.5两种排放情景下的2021—2060年
黄河流域青海段年平均气温相对基准期(1995—2014年)变化

　　由春季平均气温变化(图5.5和图5.6)可知,SSP1-2.6情景下,2021—2060年黄河流域青海段春季平均气温较基准期上升1.3℃,其中,MPI-ESM、ACESS、MIROC模式春季升温幅度为0.7～0.9℃,其余模式升温幅度为1.0～2.2℃,其中,CCCma模式升温幅度最大。SSP2-4.5情景下,2021—2060年黄河流域青海段春季平均气温较基准期上升1.7℃,除MPI-

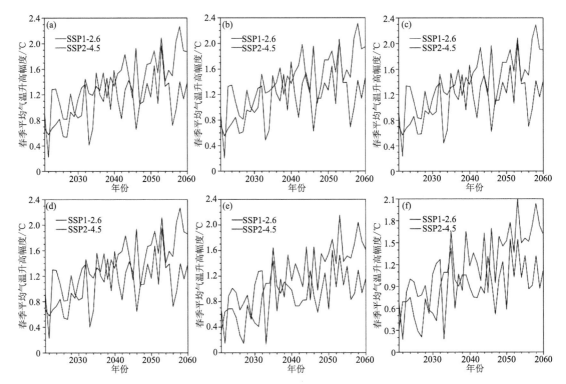

图5.5　SSP1-2.6和SSP2-4.5两种排放情景下的2021—2060年黄河流域青海段集合模式平均的春季
平均气温相对基准期(1995—2014年)变化曲线(基准期:1995—2014年)
(a)黄河流域青海段;(b)玛曲流域;(c)唐乃亥流域;(d)唐乃亥至省界流域;(e)湟水河流域;(f)大通河流域

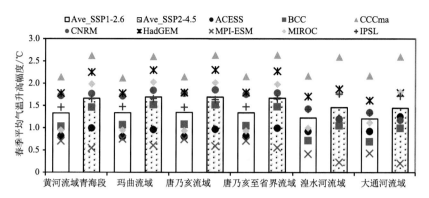

图 5.6　SSP1-2.6 和 SSP2-4.5 两种排放情景下的 2021—2060 年黄河流域
青海段春季平均气温相对基准期(1995—2014 年)变化

ESM 模式上升 0.6 ℃外,其余模式升温幅度 1.0~2.6 ℃,其中,CCCma 模式升温幅度最大。从各子流域春季气温的变化来看,玛曲流域、唐乃亥流域、唐乃亥至省界流域在两种情景下的平均气温变化幅度与总流域平均气温变化较为相似,但支流区域平均气温变化幅度略有差异。SSP1-2.6 情景下,湟水河流域和大通河流域春季平均气温升高幅度均为 1.2 ℃,其中,MPI-ESM、BCC、ACESS 模式升温幅度为 0.4~0.9 ℃,其余模式平均气温升高幅度为 1.0~2.2 ℃,CCCma 模式升温幅度最大;SSP2-4.5 情景下湟水河流域和大通河流域春季平均气温升高幅度分别为 1.5 ℃、1.4 ℃,其中,MPI-ESM 模式升温幅度为 0.2 ℃,其余模式升温幅度为1.0~2.6 ℃,CCCma 模式升温幅度最大。

　　SSP1-2.6 情景下,2021—2060 年黄河流域青海段夏季平均气温较基准期上升 1.3 ℃(图 5.7 和图 5.8),其中,MPI-ESM、BCC、CNRM、MIROC 模式升温幅度为 0.7~0.9 ℃,其余模式平均气温升高幅度为 1.5~2.2 ℃,CCCma 模式升温幅度最大。SSP2-4.5 情景下,2021—2060 年黄河流域青海段夏季平均气温较基准期上升 1.5 ℃,除 MPI-ESM、CNRM 模式升温幅度为 0.7 ℃外,其余模式升温幅度为 1.1~2.4 ℃,CCCma 模式升温幅度最大。

　　从各子流域夏季平均气温变化来看,SSP1-2.6、SSP2-4.5 情景下干流区域夏季平均气温升高幅度分别为 1.3 ℃、1.5 ℃,而支流区域夏季平均气温升温幅度分别为1.4 ℃、1.7 ℃。总体看,两种情景下,黄河流域各子流域 2021—2040 年夏季平均气温升高相对较为缓慢,2041 年之后夏季平均气温的上升幅度尤为明显,两种情景下干流区域升温幅度明显低于支流区域。

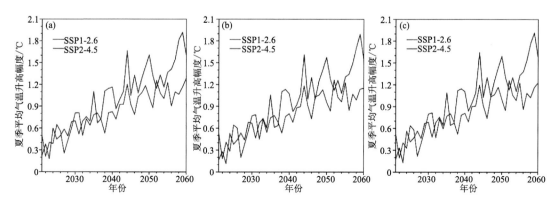

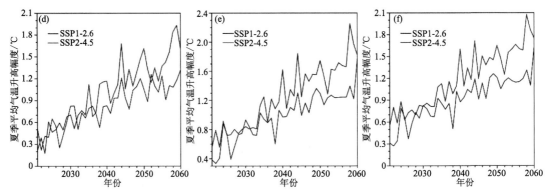

图 5.7 SSP1-2.6 和 SSP2-4.5 两种排放情景下的 2021—2060 年黄河流域青海段集合模式平均的夏季平均气温相对基准期(1995—2014 年)变化曲线

(a)黄河流域青海段;(b)玛曲流域;(c)唐乃亥流域;(d)唐乃亥至省界流域;(e)湟水河流域;(f)大通河流域

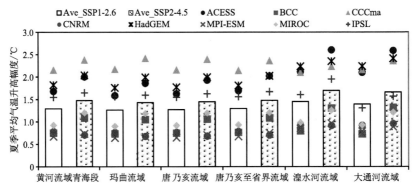

图 5.8 SSP1-2.6 和 SSP2-4.5 两种排放情景下的 2021—2060 年黄河流域青海段夏季平均气温相对基准期(1995—2014 年)变化

SSP1-2.6 情景下,2021—2060 年黄河流域青海段秋季平均气温上升 1.4 ℃,其中,MPI-ESM、BCC 模式升高幅度为 0.4~0.8 ℃,其余模式升高幅度为 1.1~2.5 ℃,CCCma 模式升高幅度最大;SSP2-4.5 情景下,2021—2060 年黄河流域青海段秋季平均气温上升 1.8 ℃,除 MPI-ESM 模式增温 0.9 ℃外,其余模式升高幅度为 1.0~2.9 ℃,CCCma 模式升高幅度最大(图 5.9)。

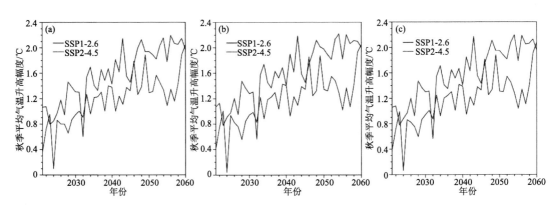

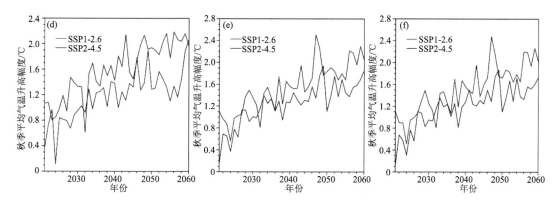

图 5.9　SSP1-2.6 和 SSP2-4.5 两种排放情景下的 2021—2060 年黄河流域青海段集合模式平均的秋季
平均气温相对基准期(1995—2014 年)变化曲线

(a)黄河流域青海段;(b)玛曲流域;(c)唐乃亥流域;(d)唐乃亥至省界流域;(e)湟水河流域;(f)大通河流域

由各子流域秋季年平均气温变化可知(图 5.10),SSP1-2.6、SSP2-4.5 情景下,2021—2060 年黄河干流区域秋季气温升高幅度分别为 1.4 ℃、1.8 ℃;SSP1-2.6 情景下支流区域(湟水河流域、大通河流域)秋季平均气温的升高幅度分别为 1.4 ℃、1.3 ℃,SSP2-4.5 情景下支流区域平均气温的升高幅度均为 1.7 ℃。总体来看,未来 40 年黄河流域青海段及其子流域秋季平均气温均呈明显的上升趋势,2021—2035 年秋季升温相对较为缓慢,2036—2050 年升温幅度较大,升温幅度为 1.0~2.0 ℃,2050 之后秋季平均气温升高幅度相对减缓。

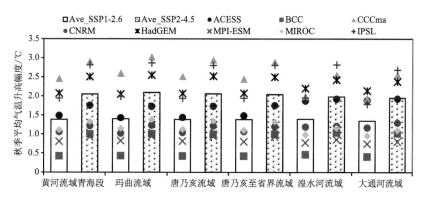

图 5.10　SSP1-2.6 和 SSP2-4.5 两种排放情景下的 2021—2060 年黄河流域
青海段秋季平均气温相对基准期(1995—2014 年)变化

SSP1-2.6 情景下,2021—2060 年黄河流域青海段冬季平均气温较基准期上升 1.1 ℃,其中,ACESS、BCC、MPI-ESM、MIROC 模式增幅在 1.0 ℃以下,其余模式增幅为 1.2~2.0 ℃,CCCma 模式升高幅度最大;SSP2-4.5 情景下,2021—2060 年黄河流域青海段冬季平均气温上升 1.4 ℃,MIROC 模式平均气温升高幅度在 1.0 ℃以下,其余模式平均气温升高幅度为 1.0~2.4 ℃,CCCma 模式平均气温升高幅度最大(图 5.11)。

由不同的子流域冬季平均气温的变化(图 5.11 和图 5.12)可知,SSP1-2.6、SSP2-4.5 情景下,干流区域的 3 个子流域升温幅度为 1.1~1.4 ℃;两种情景下,湟水河流域冬季平均气温升高幅度分别为 1.1 ℃、1.4 ℃,CCCma 和 HadGEM 模式平均气温升高幅度较大;SSP1-2.6、

SSP2-4.5 情景下大通河流域冬季平均气温升高幅度分别为 1.1 ℃、1.4 ℃,其中,MPI-ESM、BCC、MIROC 模式升高幅度在 1.0 ℃以下,其余模式升高幅度在 1.1～2.3 ℃,CCCma 模式升高幅度最大。总体来看,未来 40 年黄河流域青海段冬季平均气温也呈上升趋势,近期波动明显,2035—2050 年冬季平均气温的升高幅度尤为明显。

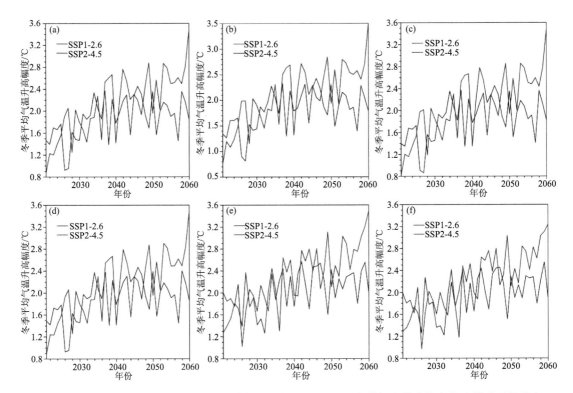

图 5.11 SSP1-2.6 和 SSP2-4.5 两种排放情景下的 2021—2060 年黄河流域青海段集合模式平均的冬季平均气温相对基准期(1995—2014 年)变化曲线

(a)黄河流域青海段;(b)玛曲流域;(c)唐乃亥流域;(d)唐乃亥至省界流域;(e)湟水河流域;(f)大通河流域

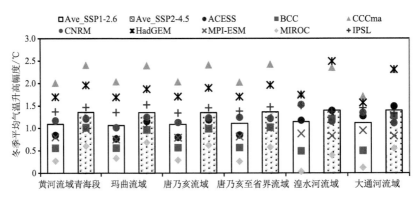

图 5.12 SSP1-2.6 和 SSP2-4.5 两种情景下 2021—2060 年黄河流域
青海段冬季平均气温相对基准期(1995—2014 年)变化

5.3.1.2　平均气温的空间变化趋势特征

由 2021—2060 年黄河流域青海段气候模式综合集合平均的年平均气温的时间倾向率空间分布可知(图 5.13),SSP1-2.6 情景下,黄河流域青海段年平均气温的升温速率为 0.16～0.27 ℃/10 a,其中,玛曲流域东南部升温趋势明显,升温速率在 0.22 ℃/10 a 以上,其次为唐乃亥至省界流域,升温速率为 0.20～0.22 ℃/10 a;SSP2-4.5 情景下,未来 40 年黄河流域青海段年平均气温的升温速率为 0.31～0.39 ℃/10 a,玛曲流域东南部以 0.35 ℃/10 a 的速率上升,升温趋势最显著,其次为大通河流域和湟水河流域东南部,升温速率为 0.36～0.39 ℃/10 a。

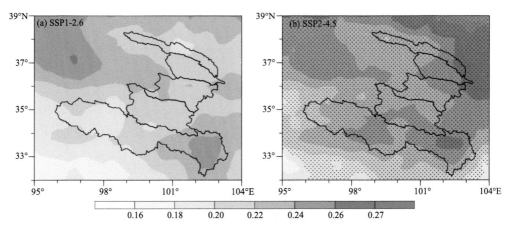

图 5.13　SSP1-2.6(a)和 SSP2-4.5(b)两种排放情景下 2021—2060 年黄河流域
青海段年平均气温时间倾向率(单位:℃/10 a)空间分布(打点区域通过 95%的显著性检验)

由未来 40 年黄河流域青海段春、夏、秋、冬季年平均气温的时间倾向率空间分布可知,SSP1-2.6 情景下,黄河流域青海段春季平均气温升温速率为 0.17～0.21 ℃/10 a,玛曲流域春季升温趋势最明显,升温速率为 0.19～0.22 ℃/10 a,其次为唐乃亥至省界流域,升温速率为 0.17～0.2 ℃/10 a,大通河流域升温速率较其他子流域相对缓慢,升温速率为 0.10～0.15 ℃/10 a(图 5.14a)。SSP2-4.5 情景下,黄河流域青海段春季平均气温的升温速率为 0.25～0.39 ℃/10 a,其中,大通河流域、湟水河流域升温趋势最显著,升温速率在 0.33 ℃/10 a 以上,而玛曲流域升温趋势相对较小,升温速率为 0.25～0.32 ℃/10 a(图 5.14e)。SSP1-2.6 情景下,全流域夏季平均气温升温速率为 0.19～0.28 ℃/10 a,玛曲流域东部、唐乃亥至省界流域、湟水河流域大部夏季升温速率为 0.25～0.29 ℃/10 a,升温速率相对较大,而唐乃亥流域升温速率相对最缓慢,以 0.22～0.30 ℃/10 a 的速率上升(图 5.14b);SSP2-4.5 情景下,全流域夏季平均气温的升温速率为 0.3～0.41 ℃/10 a,大通河流域大部升温速率最小,升温速率为 0.3～0.34 ℃/10 a,其余区域夏季升温速率相对较大(图 5.14f)。SSP1-2.6 情景下,流域内秋季平均气温以 0.25～0.31 ℃/10 a 的速率上升,玛曲流域东部、唐乃亥至省界流域及湟水河流域大部升温速率相对较大,升温速率为 0.29～0.31 ℃/10 a,其他区域升温速率相对缓慢(图 5.14c);SSP2-4.5 情景下,全流域秋季平均气温的升温速率为 0.3～0.37 ℃/10 a,玛曲流域大部、唐乃亥流域升温速率为 0.33～0.37 ℃/10 a,大通河流域秋季升温速率 0.29～0.34 ℃/10 a(图 5.14g)。SSP1-2.6 情景下,全流域冬季平均气温以 0.1～0.25 ℃/10 a 的速率上升,玛曲流域东南部冬季升温速率为 0.18～0.25 ℃/10 a,其他区域升温速率相对较小,升温速率在 0.15 ℃/10 a 以下（图 5.14d）；SSP2-4.5 情景下，全流域冬季平均气温以 0.35～0.47 ℃/10 a 的速率上升，玛曲流域大部及湟水河流域较其他区域升温速率更明显（图 5.14h）。

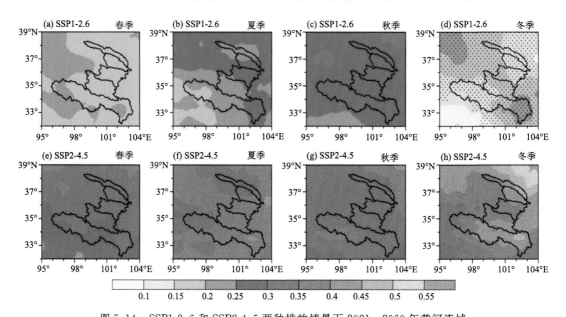

图 5.14　SSP1-2.6 和 SSP2-4.5 两种排放情景下 2021—2060 年黄河流域
青海段春、夏、秋、冬季平均气温时间倾向率（单位：℃/10 a）空间分布（打点区域通过 95％的显著性检验）

综上所述，SSP1-2.6 情景下，全流域平均气温升温速率为秋季＞夏季＞春季＞冬季，玛曲流域东南部四季升温速率较其他区域更为显著；SSP2-4.5 情景下，全流域平均气温升温速率为冬季＞夏季＞秋季＞春季。

5.3.2　最高气温时空变化特征

5.3.2.1　最高气温的时间变化

SSP1-2.6、SSP2-4.5 情景下 2021—2060 年黄河流域青海段年最高气温较基准期分别升高 1.2 ℃、1.4 ℃，两种情景下年最高气温均呈波动上升特点，升温速率分别为 0.3 ℃/10 a、0.4 ℃/10 a（图 5.15），SSP1-2.6 情景下 MPI-ESM、BCC、MIROC 模式年最高气温升高幅度为 0.7～0.9 ℃，其余模式为 1.1～1.8 ℃，其中，HadGEM 模式最大；SSP2-4.5 情景下，MPI-ESM 模式升温幅度为 0.7 ℃，其余模式为 1.0～2.0 ℃，CCCma 模式最大。SSP1-2.6、SSP2-4.5 情景下，由各子流域未来 40 年日最高气温的时间变化（图 5.16）可知，未来 40 年 5 个子流域年最高气温均呈阶梯式上升特点，2030—2039 年的年最高气温上升幅度较大，上升 1.2 ℃；SSP1-2.6 情景下未来 40 年大通河流域年最高气温倾向率为 0.25 ℃/10 a，其余 4 个子流域日最高气温倾向率均为 0.3 ℃/10 a；SSP2-4.5 情景下，5 个子流域日最高气温倾向率均为 0.4 ℃/10 a。与基准期相比，SSP1-2.6 情景下，2021—2060 年 5 个子流域年最高气温升高幅度均为 1.2 ℃，SSP2-4.5 情景下，5 个子流域年最高气温升高幅度均为 1.4 ℃。两种情景下，CCCma、MIROC、HadGEM、CNRM 气候模式最高气温升高幅度较大，为 1.5～2.5 ℃，其余模式升高幅度相对较小，为 0.6～1.4 ℃，其中，MPI-ESM 气候模式升高幅度最小。

SSP1-2.6、SSP2-4.5 情景下，2021—2060 年黄河流域青海段春季最高气温波动明显

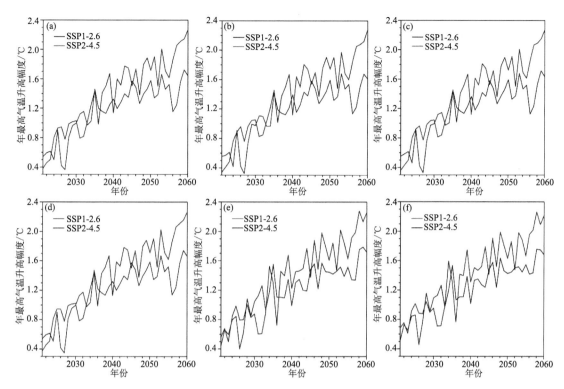

图 5.15　SSP1-2.6 和 SSP2-4.5 两种排放情景下的 2021—2060 年黄河流域青海段多模式集合平均的年
最高气温相对基准期(1995—2014 年)变化曲线
(a)黄河流域青海段;(b)玛曲流域;(c)唐乃亥流域;(d)唐乃亥至省界流域;(e)湟水河流域;(f)大通河流域

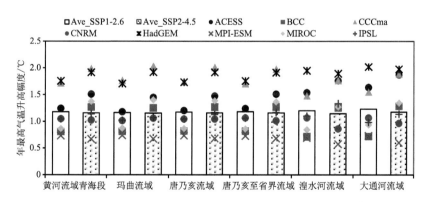

图 5.16　SSP1-2.6 和 SSP2-4.5 两种排放情景下的 2021—2060 年黄河流域
青海段年最高气温相对基准期(1995—2014 年)变化

(图 5.17),2021—2036 年、2046—2053 年春季最高气温升高幅度相对较大;2037—2045 年、2054—2060 年升温幅度相对较小。SSP1-2.6、SSP2-4.5 情景下,未来 40 年黄河流域青海段春季平均最高气温分别升高 1.3 ℃、1.5 ℃,MPI-ESM 模式升温幅度相对较小,为 0.4~0.7 ℃,其余模式在 1.0~2.3 ℃,其中,CCCma、MIROC 模式升温幅度相对较大。从不同的子流域来看,SSP1-2.6 情景下,湟水河流域、大通河流域春季最高气温较基准期均升高 1.2 ℃,其余子

流域均升高 1.3 ℃;SSP2-4.5 情景下,玛曲流域、唐乃亥流域春季最高气温升高幅度均为
1.6 ℃,唐乃亥至省界流域为 1.5 ℃,其余子流域均为 1.3 ℃(图 5.18)。

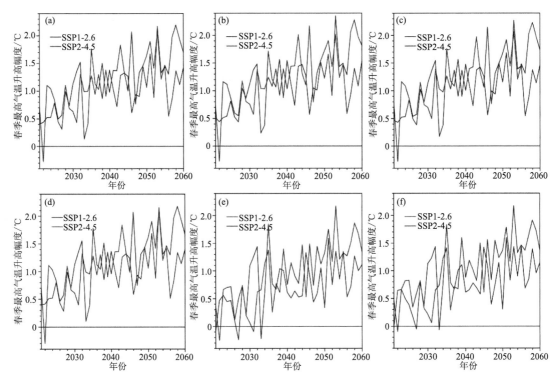

图 5.17 SSP1-2.6 和 SSP2-4.5 两种排放情景下的 2021—2060 年黄河流域青海段多模式集合平均的
春季最高气温相对基准期(1995—2014 年)变化曲线
(a)黄河流域青海段;(b)玛曲流域;(c)唐乃亥流域;(d)唐乃亥至省界流域;(e)湟水河流域;(f)大通河流域

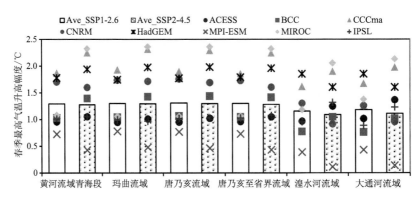

图 5.18 SSP1-2.6 和 SSP2-4.5 两种排放情景下的 2021—2060 年黄河流域
青海段春季最高气温相对基准期(1995—2014 年)变化

SSP1-2.6、SSP2-4.5 情景下 2021—2060 年黄河流域青海段夏季平均最高气温较基准期
分别升高 1.3 ℃、1.5 ℃,两种情景下 CNRM 模式升温幅度均最小,分别为 0.6 ℃、0.5 ℃,其
余模式两种情景下升温幅度为 0.7~2.3 ℃,ACESS、HadGEM 模式升温幅度相对较大。从
不同的子流域来看,SSP1-2.6 情景下,湟水河流域、大通河流域夏季最高气温较基准期均升高

1.5 ℃,其余子流域升温幅度一致,均升高 1.3 ℃;SSP2-4.5 情景下,湟水河流域、大通河流域夏季最高气温升高幅度分别为 1.8 ℃、1.7 ℃,玛曲流域升温幅度为 1.4 ℃,其余两个子流域升温幅度均为 1.5 ℃(图 5.19 和图 5.20)。

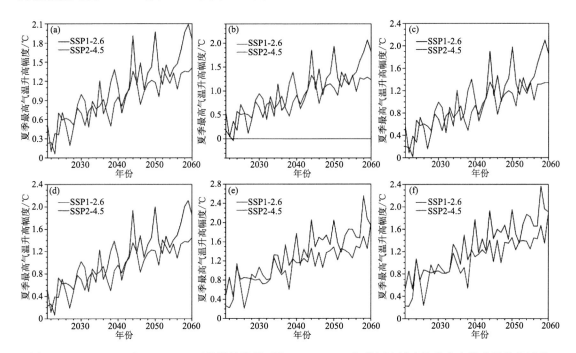

图 5.19　SSP1-2.6 和 SSP2-4.5 两种排放情景下的 2021—2060 年黄河流域青海段集合模式平均的夏季最高气温相对基准期(1995—2014 年)变化曲线

(a)黄河流域青海段;(b)玛曲流域;(c)唐乃亥流域;(d)唐乃亥至省界流域;(e)湟水河流域;(f)大通河流域

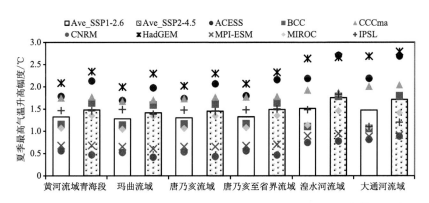

图 5.20　SSP1-2.6 和 SSP2-4.5 两种排放情景下的 2021—2060 年黄河流域青海段夏季最高气温相对基准期(1995—2014 年)变化

　　SSP1-2.6、SSP2-4.5 情景下 2021—2060 年黄河流域青海段秋季平均最高气温较基准期分别升高 1.2 ℃、1.5 ℃,两种情景下 BCC、MPI 模式升温幅度较小,为 0.7~1.3 ℃,其余模式两种情景下升温幅度为 0.9~2.2 ℃,其中,HadGEM 模式升温幅度相对较大。从不同的子流域来看,SSP1-2.6 情景下,大通河流域秋季最高气温较基准期升高 1.3 ℃,其余子流域升温幅度一致,均升高 1.2 ℃;SSP2-4.5 情景下,湟水河流域秋季最高气温升高幅度为 1.4 ℃,其余四个子流域升温幅度均为 1.5 ℃(图 5.21 和 5.22)。

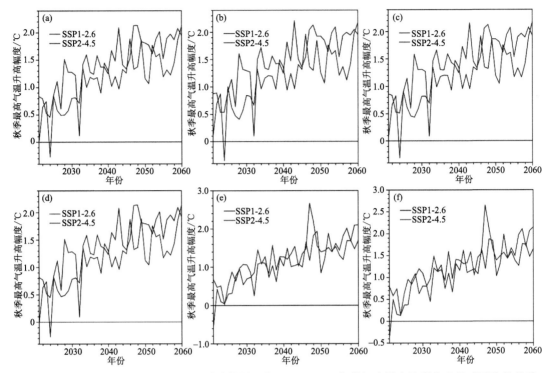

图 5.21 SSP1-2.6 和 SSP2-4.5 两种排放情景下的 2021—2060 年黄河流域青海段集合模式平均的秋季最高气温相对基准期(1995—2014 年)变化曲线

(a)黄河流域青海段;(b)玛曲流域;(c)唐乃亥流域;(d)唐乃亥至省界流域;(e)湟水河流域;(f)大通河流域

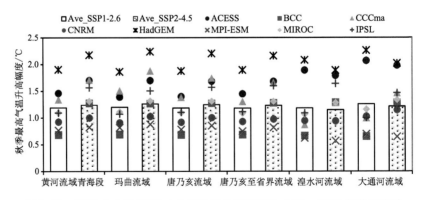

图 5.22 SSP1-2.6 和 SSP2-4.5 两种排放情景下的 2021—2060 年黄河流域青海段秋季最高气温相对基准期(1995—2014 年)变化

  SSP1-2.6、SSP2-4.5 情景下 2021—2060 年黄河流域青海段冬季平均最高气温较基准期分别升高 0.9 ℃、1.1 ℃,两种情景下 CCCma 模式升温幅度较大,分别为 1.9 ℃、2.2 ℃,其余模式两种情景下冬季最高气温升高幅度为 0.2~1.2 ℃,MIROC 模式升温幅度相对较小。从不同的子流域来看,SSP1-2.6 情景下,大通河流域冬季最高气温升高 1.0 ℃,其余子流域升温幅度一致,较基准期均升高 0.9 ℃;SSP2-4.5 情景下,湟水河流域冬季最高气温升高幅度为 1.0 ℃,其余四个子流域升温幅度均为 1.1 ℃(图 5.23 和图 5.24)。

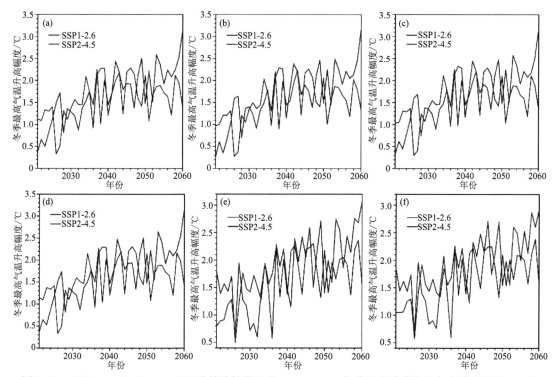

图 5.23　SSP1-2.6 和 SSP2-4.5 两种排放情景下的 2021—2060 年黄河流域青海段集合模式平均的冬季
最高气温相对基准期(1995—2014 年)变化曲线

(a)黄河流域青海段;(b)玛曲流域;(c)唐乃亥流域;(d)唐乃亥至省界流域;(e)湟水河流域;(f)大通河流域

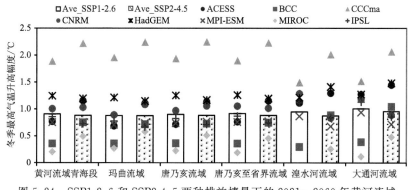

图 5.24　SSP1-2.6 和 SSP2-4.5 两种排放情景下的 2021—2060 年黄河流域
青海段冬季最高气温相对基准期(1995—2014 年)变化

5.3.2.2　最高气温的空间变化趋势特征

由 2021—2060 年黄河流域青海段 8 个模式集合平均的多年平均最高气温时间倾向率空间分布(图 5.25)可知,SSP1-2.6 情景下,全流域年平均最高气温以 0.24～0.32 ℃/10 a 的速率上升,玛曲流域东南部升温速率在 0.3 ℃/10 a 以上,升温幅度较其他区域明显;SSP2-4.5

情景下,未来40年全流域年最高气温以0.25~0.45 ℃/10 a的速率上升,总体呈西北低东南高的特征,尤其是玛曲流域东南部以及湟水河流域中东部升温趋势明显高于其他区域。

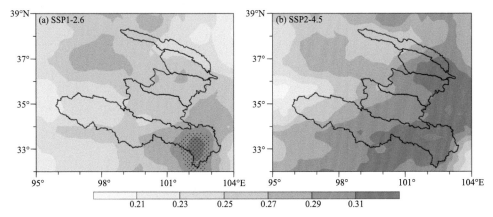

图5.25　SSP1-2.6(a)和SSP2-4.5(b)两种排放情景下2021—2060年黄河流域
青海段年最高气温时间倾向率(单位:℃/10 a)空间分布(打点区域通过95%的显著性检验)

从2021—2060年黄河流域青海段8个模式集合平均的四季最高气温时间倾向率空间分布来看,SSP1-2.6、SSP2-4.5情景下,全流域春季平均最高气温分别以0.19~0.30 ℃/10 a、0.34~0.43 ℃/10 a的速率上升,玛曲流域大部春季最高气温上升速率最明显(图5.26a、e)。SSP1-2.6情景下,全流域夏季平均最高气温以0.22~0.35 ℃/10 a的速率上升,除玛曲流域西部升温速率在0.20 ℃/10 a以下外,其余子流域升温速率为0.24~0.34 ℃/10 a(图5.26b)。SSP2-4.5情景下,全流域夏季平均最高气温以0.30~0.48 ℃/10 a的速率上升,全流域东南部升温速率尤为明显,升温速率在0.40 ℃/10 a以上(图5.26f)。SSP1-2.6、SSP2-4.5情景下,全流域秋季最高气温分别以0.32~0.39 ℃/10 a、0.35~0.44 ℃/10 a的速率上升,玛曲流域南部、唐乃亥至省界流域东部、湟水河流域大部、大通河流域东部升温趋势显著,升温速率在0.39 ℃/10 a以上,且通过95%显著性检验(图5.26c和图5.26g)。SSP1-2.6情

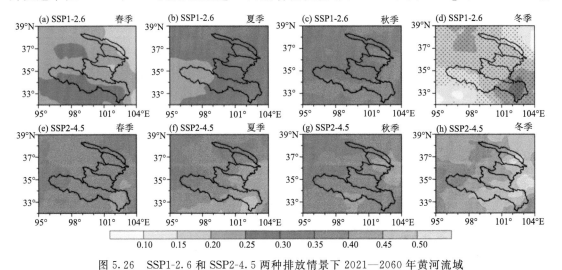

图5.26　SSP1-2.6和SSP2-4.5两种排放情景下2021—2060年黄河流域
青海段春、夏、秋、冬季最高气温时间倾向率(单位:℃/10 a)空间分布(打点区域通过95%的显著性检验)

景下,全流域冬季最高气温上升速率为 0.12~0.3 ℃/10 a,其中,玛曲流域东南部升温趋势最显著,升温速率在 0.26 ℃/10 a 以上(图 5.26d);SSP2-4.5 情景下,全流域冬季平均气温上升速率为0.40~0.54 ℃/10 a,各子流域冬季最高气温上升趋势呈西北低东南高的分布特点(图 5.26h)。

综上所述,SSP1-2.6 情景下,黄河流域青海段四季最高气温的上升速率表现为秋季>夏季>春季>冬季,SSP2-4.5 情景下,黄河流域青海段四季最高气温的上升速率表现为冬季>夏季>秋季>春季,此外,年最高气温在空间上呈西北部低、东南部高的特点。

5.3.3　最低气温时空变化特征

5.3.3.1　最低气温的时间变化特征

SSP1-2.6、SSP2-4.5 情景下,2021—2060 年黄河流域青海段及各子流域年最低气温总体均呈明显上升趋势(图 5.27)。两种情景下,未来 40 年全流域年平均最低气温较基准期分别上升1.3 ℃、1.6 ℃,其中,CCCma、HadGEM 模式年最低气温升高幅度相对较大,为 1.9~3.1 ℃,其余模式升高幅度相对较小,在 0.7~1.7 ℃。从各子流域年最低气温变化来看,5 个子流域SSP1-2.6 情景下升温幅度较一致,均为 1.3 ℃,SSP2-4.5 情景下,湟水河流域年最低气温较基准期上升 1.5 ℃,升温幅度最小,玛曲流域升温幅度最大,为 1.7 ℃,其余模式升温幅度均为1.6 ℃(图 5.28)。

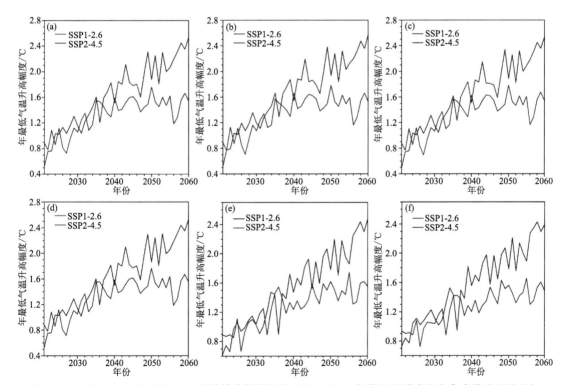

图 5.27　SSP1-2.6 和 SSP2-4.5 两种排放情景下的 2021—2060 年黄河流域青海段集合模式平均的年最低气温相对基准期(1995—2014 年)变化曲线

(a)黄河流域青海段;(b)玛曲流域;(c)唐乃亥流域;(d)唐乃亥至省界流域;(e)湟水河流域;(f)大通河流域

SSP1-2.6、SSP2-4.5 情景下 2021—2060 年黄河流域青海段春季最低气温分别上升

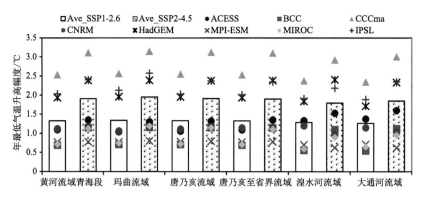

图 5.28 SSP1-2.6 和 SSP2-4.5 两种排放情景下的 2021—2060 年黄河流域
青海段年最低气温相对基准期(1995—2014 年)变化

1.5 ℃、1.9 ℃,总体波动幅度较大,MPI-ESM、ACESS、MIROC 模式升温幅度相对较小,为
0.7~0.8 ℃,其余模式升温幅度相对较大,上升幅度在 1.3~3.2 ℃。从不同的子流域来看,
SSP1-2.6 情景下,湟水河流域、大通河流域春季最低气温升高幅度均为 1.3 ℃,其余模式均为
1.5 ℃;SSP2-4.5 情景下,湟水河流域、大通河流域春季最低气温升高幅度均为 1.6 ℃,其余子
流域均为 1.9 ℃,干流区域春季最低气温升高幅度明显高于黄河支流区域的(图 5.29 和图
5.30)。

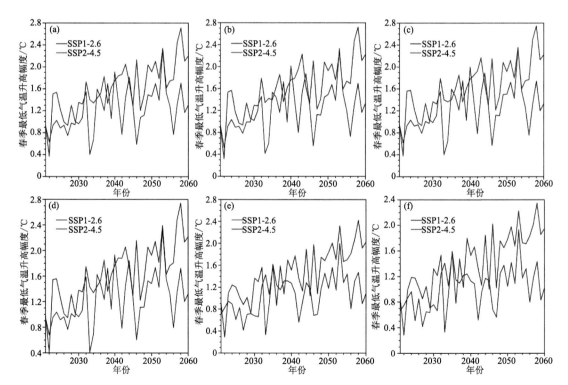

图 5.29 SSP1-2.6 和 SSP2-4.5 两种排放情景下的 2021—2060 年黄河流域青海段集合模式平均的春季
最低气温相对基准期(1995—2014 年)变化曲线
(a)黄河流域青海段;(b)玛曲流域;(c)唐乃亥流域;(d)唐乃亥至省界流域;(e)湟水河流域;(f)大通河流域

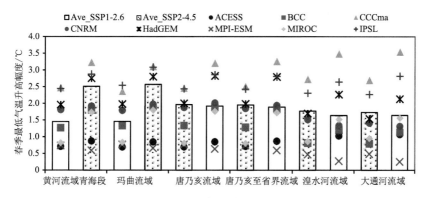

图 5.30　SSP1-2.6 和 SSP2-4.5 两种排放情景下的 2021—2060 年黄河流域
青海段春季最低气温相对基准期(1995—2014 年)变化

　　SSP1-2.6、SSP2-4.5 情景下,黄河流域青海段夏季最低气温总体呈波动上升趋势,2035—2050 年升温幅度明显(图 5.31)。总体来看,两种情景下,未来 40 年黄河流域青海段夏季最低气温分别升高 1.1 ℃、1.2 ℃,其中 MPI-ESM、CNRM、MIROC、BCC 模式升温幅度相对较小,为 0.4～0.7 ℃,其余模式升温幅度为 1.0～2.4 ℃,CCCma 模式升温幅度最大。从不同的子流域来看,两种情景下,黄河支流区域夏季最低气温的升高幅度明显高于干流域区域夏季最低气温的(图 5.32)。

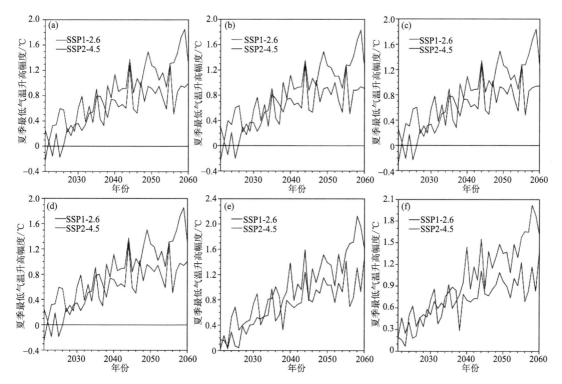

图 5.31　SSP1-2.6 和 SSP2-4.5 两种排放情景下的 2021—2060 年黄河流域青海段集合模式平均的夏季
最低气温相对基准期(1995—2014 年)变化曲线
(a)黄河流域青海段;(b)玛曲流域;(c)唐乃亥流域;(d)唐乃亥至省界流域;(e)湟水河流域;(f)大通河流域

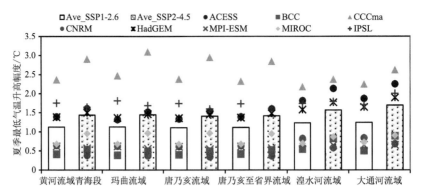

图 5.32　SSP1-2.6 和 SSP2-4.5 两种排放情景下的 2021—2060 年黄河流域
青海段夏季最低气温相对基准期(1995—2014 年)变化

　　SSP1-2.6、SSP2-4.5 情景下,全流域秋季最低气温总体呈波动上升趋势,2035—2050 年升温幅度明显(图 5.33)。两种情景下,未来 40 年全流域秋季最低气温分别升高 1.6 ℃、2.0 ℃,CCCma 模式升温幅度最大,在 3.3~4.0 ℃,BCC、MPI-ESM 模式升温幅度相对较小,在 0.3~1.0 ℃。总体来看,两种情景下,支流区域的秋季最低气温的升高幅度低于黄河干流域区域的秋季最低气温的(图 5.34)。

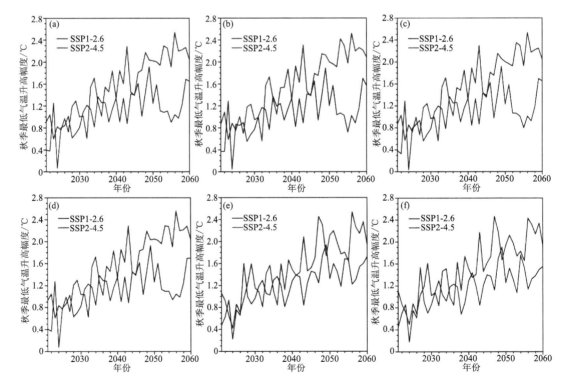

图 5.33　SSP1-2.6 和 SSP2-4.5 两种排放情景下的 2021—2060 年黄河流域青海段集合模式秋季最低
气温相对基准期(1995—2014 年)变化曲线
(a)黄河流域青海段;(b)玛曲流域;(c)唐乃亥流域;(d)唐乃亥至省界流域;(e)湟水河流域;(f)大通河流域

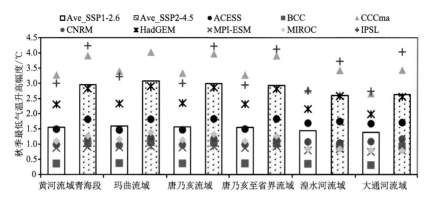

图 5.34　SSP1-2.6 和 SSP2-4.5 两种排放情景下的 2021—2060 年黄河流域
青海段秋季最低气温相对基准期(1995—2014 年)变化

SSP1-2.6、SSP2-4.5 情景下,全流域冬季最低气温总体呈波动上升趋势,2021—2030 年升温幅度相对较小,2035—2050 年升温幅度相对较大(图 5.35)。两种情景下,未来 40 年全流域冬季最低气温较基准期分别升高 1.2 ℃、1.5 ℃,CCCma、HadGEM 模式升温幅度相对较大,在 2.0~2.5 ℃,MIROC 模式升温幅度相对较小,为 0.3~0.5 ℃。从不同的子流域来看,SSP1-2.6 情景下,黄河支流区域的冬季升温幅度低于黄河干流域区域的升温幅度,SSP2-4.5情景下,各子流域最低气温升高幅度一致(图 5.36)。

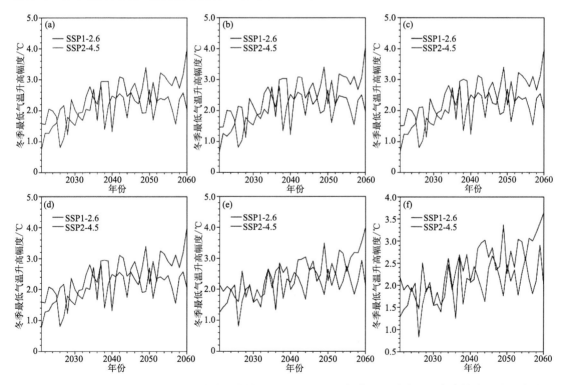

图 5.35　SSP1-2.6 和 SSP2-4.5 两种排放情景下的 2021—2060 年黄河流域青海段集合模式平均的冬季
最低气温相对基准期(1995—2014 年)变化曲线
(a)黄河流域青海段;(b)玛曲流域;(c)唐乃亥流域;(d)唐乃亥至省界流域;(e)湟水河流域;(f)大通河流域

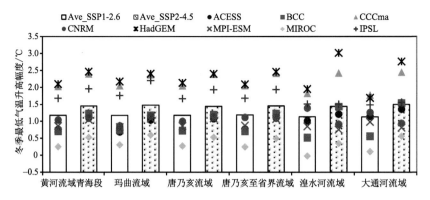

图 5.36　SSP1-2.6(a)和 SSP2-4.5(b)两种排放情景下的 2021—2060 年黄河流域
青海段冬季最低气温相对基准期(1995—2014 年)变化

5.3.3.2　最低气温的空间变化趋势特征

由 2021—2060 年黄河流域青海段 8 个气候模式集合平均的年最低气温时间倾向率空间分布(图 5.37)可知,SSP1-2.6 情景下,全流域年最低气温以 0.14~0.23 ℃/10 a 的速率上升,玛曲流域东部升温趋势最强,升温速率在 0.2 ℃/10 a 以上,但均未通过 95% 显著性检验;SSP2-4.5 情景下,全流域升温趋势呈东南高西北低的分布特点,流域大部年最低气温升高速率为 0.3~0.5 ℃/10 a,且均通过 95% 显著性检验。

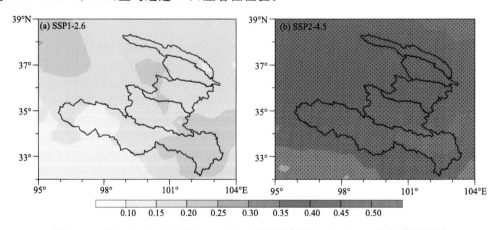

图 5.37　SSP1-2.6(a)和 SSP2-4.5(b)两种排放情景下 2021—2060 年黄河流域
青海段年最低气温时间倾向率(单位:℃/10 a)空间分布(打点区域通过 95% 的显著性检验)

由 2021—2060 年黄河流域青海段四季的最低气温时间倾向率空间分布可知,SSP1-2.6、SSP2-4.5 情景下未来 40 年全流域春季最低气温升高速率分别为 0.11~0.18 ℃/10 a、0.3~0.36 ℃/10 a。玛曲流域东南部春季最低气温升高速率相对较高,湟水河流域及大通河流域升温速率相对较低(图 5.38a,e)。SSP1-2.6、SSP2-4.5 情景下未来 40 年全流域夏季最低气温升高速率分别为 0.15~0.27 ℃/10 a、0.4~0.56 ℃/10 a,低情景下升温趋势明显区域主要集中分布在干流区域的东南部以及湟水河流域大部;高情景下的升温区域相对较大且升温趋势更明显,除玛曲流域西北部及大通河流域外,其余区域夏季最低气温升高速率为 0.46~0.54 ℃/10 a(图 5.38b,f)。SSP1-2.6、SSP2-4.5 情景下未来 40 年全流域秋季最低气温升高速率分别为 0.18～0.25 ℃/10 a、0.36～0.48 ℃/10 a,除坞曲流域西部、大通河流域秋季升温速率相对较低,其余区域升温速率相对较高,SSP2-4.5 情景下升温速率更为明显,且未通过95%的显著性检验(图 5.38c,g)。SSP1-2.6、SSP2-4.5 情景下未来 40 年全流域冬季最低气温升高速率分别为 0.1～0.3 ℃/10 a、0.4～0.64 ℃/10 a,其中,SSP1-2.6 情景下玛曲流域东部升温速率在 0.26 ℃/10 a 以上,且通过 95% 显著性检验,其余区域升温速率相对较低;SSP2-4.5 情景下,全流域各地冬季最低气温升温速率显著,尤其是玛曲流域东部,升温速率在 0.56℃/10 a 以上(图 5.38d,h)。

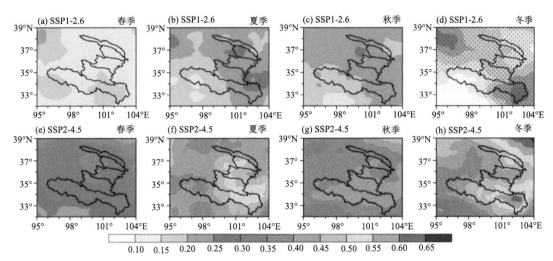

图 5.38　SSP1-2.6 和 SSP2-4.5 两种排放情景下 2021—2060 年黄河流域
青海段春、夏、秋、冬季最低气温时间倾向率(单位:℃/10 a)空间分布(打点区域通过 95%的显著性检验)

　　综上所述,未来 40 年,SSP1-2.6 情景下,玛曲流域东南部夏季、冬季最低气温升高速率较其他区域更为显著,湟水河流域、唐乃亥至省界流域春、秋季最低气温升高速率更为显著。SSP2-4.5 情景下,全流域大部夏季、秋季、冬季最低气温升高速率明显,春季各地升温速率较一致。

5.3.4　降水量时空变化特征

5.3.4.1　降水量的时间变化特征

　　SSP1-2.6、SSP2-4.5 情景下 2021—2060 年黄河流域青海段年降水量总体呈明显增多趋势,增多率分别为 5.9 mm/10 a、11.4 mm/10 a,2021—2039 年波动变化明显,增幅相对较小;2040—2055 年增幅相对较大(图 5.39),与相关研究结论一致(赵梦霞 等,2021;Yang et al.,2021;吕锦心 等;2022)。两种情景下,全流域降水量较基准期分别增加 10.9%、10.8%,CCCma、CNRM、HadGEM、MIROC 模式降水量增幅较大,为 12.1%～26.3%,其余 4 个模式增幅为 3.7%～6.2%。从各子流域未来 40 年降水量的时间变化来看,SSP1-2.6 情景下,玛曲流域、唐乃亥流域、唐乃亥至省界流域降水量增幅相对较大,分别增加 11.7%、11.2%、11.1%,湟水河流域、大通河流域增幅相对较小,分别增加 8.4%、7.4%。SSP2-4.5 情景下,玛曲流域、唐乃亥流域、唐乃亥至省界流域降水量增幅相对较大,分别增加 11.8%、11.2%、10.8%,湟水河流域、大通河流域增幅均为 8.4%(图 5.40)。

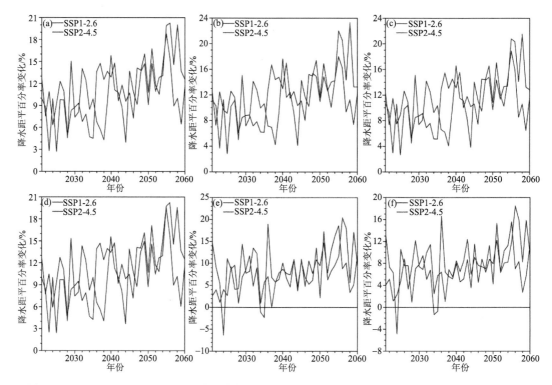

图 5.39　SSP1-2.6 和 SSP2-4.5 两种排放情景下的 2021—2060 年黄河流域青海段多模式集合平均的
年平均降水距平百分率变化曲线

(a)黄河流域青海段;(b)玛曲流域;(c)唐乃亥流域;(d)唐乃亥至省界流域;(e)湟水河流域;(f)大通河流域

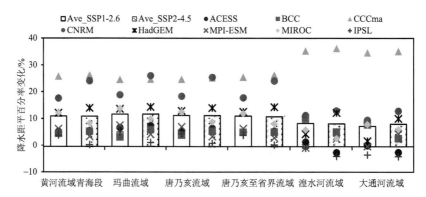

图 5.40　SSP1-2.6 和 SSP2-4.5 两种排放情景下的 2021—2060 年黄河流域
青海段年平均降水距平百分率变化

　　综上所述,两种情景下,黄河流域青海段降水量总体呈增加趋势,增加幅度较为接近,但各子流域之间有明显差异,干流区域增加幅度要明显高于支流区域。

　　由未来 40 年黄河流域青海段春季平均降水量的时间变化(图 5.41)可知,SSP1-2.6、SSP2-4.5 情景下,全流域春季降水量总体较基准期分别增加 9.7%、12.0%,其中,2021—2036年降水量增幅在 10% 以下,2037—2054 年降水量增幅相对较大,为 10%～25.6%。从未来 40年黄河流域青海段各模式降水量的增幅(图 5.42)来看,CNRM、MIROC、HadGEM 模式降水量增幅较大,为13.0%~25.6%,其余模式增幅相对较小。从不同的子流域未来40年降水量时间变化来看,五个子流域春季降水量较基准期均增多,SSP1-2.6 情景下唐乃亥至省界流域、大通河流域降水量增幅分别为10.5%、11.1%,其余子流域增幅为8.6~9.7%,SSP2-4.5 情景下各子流域的降水量较 SSP1-2.6 情景下的降水量增幅明显,为11.2%~15.8%。

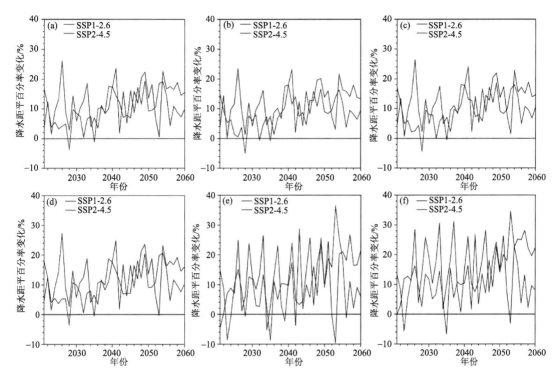

图 5.41　SSP1-2.6 和 SSP2-4.5 两种排放情景下的2021—2060 年黄河流域青海段多模式集合平均的春季平均降水距平百分率变化曲线(基准期:1995—2014 年)

(a)黄河流域青海段;(b)玛曲流域;(c)唐乃亥流域;(d)唐乃亥至省界流域;(e)湟水河流域;(f)大通河流域

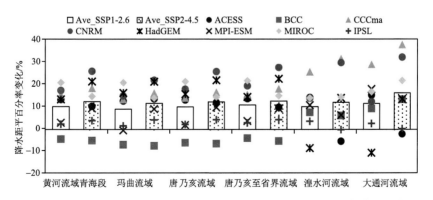

图 5.42　SSP1-2.6 和 SSP2-4.5 两种排放情景下的2021—2060 年黄河流域青海段春季平均降水距平百分率变化

SSP1-2.6、SSP2-4.5 情景下,全流域夏季降水量呈持续增多的趋势,较基准期分别增多7.7%、6.3%,CNRM、CCCma 模式增幅为 16.9%~22.2%,其余模式降水量的增幅较为一致,在10%以下。从不同的子流域降水量的时间变化来看,两种情景下,湟水河流域、大通河流域夏季降水量的增幅在3.5%以下,而干流区域降水量的增幅为6.0%～9.1%,玛曲流域增幅相对较大(图5.43和图5.44)。

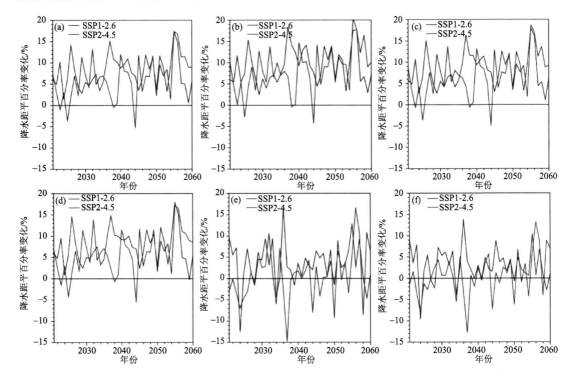

图5.43　SSP1-2.6和SSP2-4.5两种排放情景下的2021—2060年黄河流域青海段多模式集合平均的夏季平均降水距平百分率变化曲线(基准期:1995—2014年)

(a)黄河流域青海段;(b)玛曲流域;(c)唐乃亥流域;(d)唐乃亥至省界流域;(e)湟水河流域;(f)大通河流域

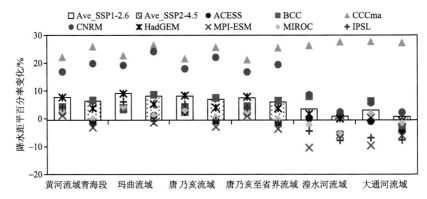

图5.44　SSP1-2.6和SSP2-4.5两种排放情景下的2021—2060年黄河流域青海段夏季平均降水距平百分率变化

SSP1-2.6、SSP2-4.5情景下(图5.45和图5.46),全流域秋季降水量呈持续增多趋势,较基准期分别增加18.6%、19.1%,CNRM、CCCma、HadGEM模式增幅为20.1%～46.7%,其余模式降水量的增幅在20%以下。从不同的子流域降水量的时间变化来看,SSP1-2.6情景下,湟水河流域、大通河流域秋季降水量的增幅在 15.9% 以下,而干流区域两种情景下降水量的增幅较接近,在 19.0%~19.6%。

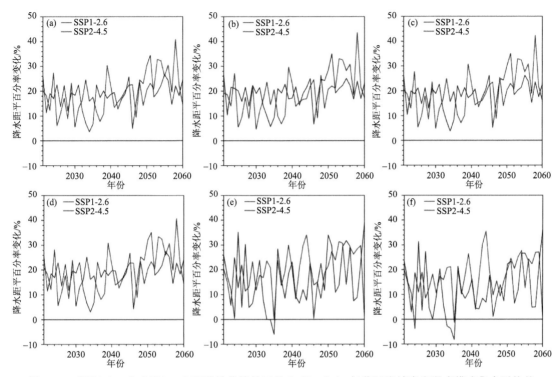

图 5.45　SSP1-2.6 和 SSP2-4.5 两种排放情景下的 2021—2060 年黄河流域青海段多模式集合平均的秋季平均降水距平百分率变化曲线(基准期:1995—2014 年)

(a)黄河流域青海段;(b)玛曲流域;(c)唐乃亥流域;(d)唐乃亥至省界流域;(e)湟水河流域;(f)大通河流域

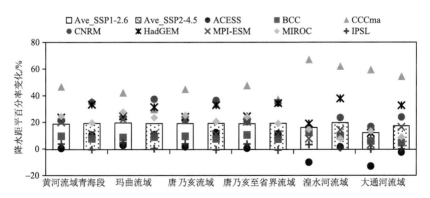

图 5.46　SSP1-2.6 和 SSP2-4.5 两种排放情景下的 2021—2060 年黄河流域青海段秋季平均降水距平百分率变化

SSP1-2.6、SSP2-4.5 情景下,全流域冬季降水量总体呈少—多波动变化特点,较基准期分别增加 23.2%、28.7%,ACESS、MIROC 模式增幅为 40.0%~62.0%,其余模式降水量的增幅在 33.2% 以下。从不同的子流域来看,两种情景下,湟水河流域、大通河流域冬季降水量的增幅为 42.1%~64.3%,增幅相对较大,而干流区域两种情景下降水量的增幅较接近,增幅为

20.6%~29.9%(图5.47和图5.48)。

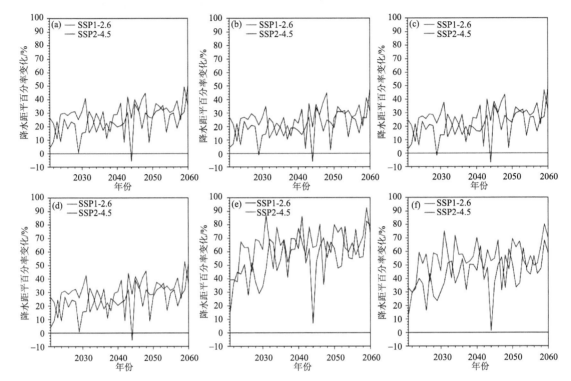

图5.47　SSP1-2.6和SSP2-4.5两种排放情景下的2021—2060年黄河流域青海段多模式集合平均的
冬季平均降水距平百分率变化曲线(基准期:1995—2014年)
(a)黄河流域青海段;(b)玛曲流域;(c)唐乃亥流域;(d)唐乃亥至省界流域;(e)湟水河流域;(f)大通河流域

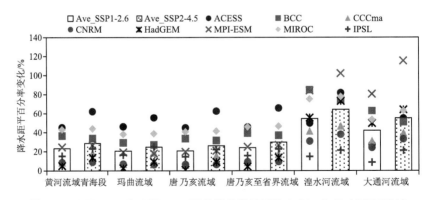

图5.48　SSP1-2.6和SSP2-4.5两种排放情景下的2021—2060年黄河流域
青海段冬季平均降水距平百分率变化

5.3.4.2　降水量的空间趋势变化特征

由2021—2060年集合模式平均的黄河流域青海段年降水量时间倾向率空间分布(图5.49)可知,SSP1-2.6情景下,未来40年黄河流域青海段降水量总体呈西北少东南多的空间变化特征,全流域年降水量增多速率为2~12.5 mm/10 a,其中,东南部降水量增多速率为

6～12.5 mm/10 a,黄河流域青海段西北部降水量增多速率在 4.8 mm/10 a 以下;SSP2-4.5 情景下,全流域年降水量增多速率为 8～24 mm/10 a,其中玛曲流域东南部增多速率明显,增多速率为 12～22.7 mm/10 a,其余区域增多速率相对较小。

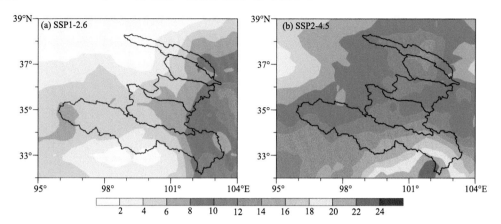

图 5.49　SSP1-2.6 和 SSP2-4.5 两种排放情景下 2021—2060 年黄河流域青海段年平均降水量时间倾向率(单位:mm/10 a)空间分布(打点区域通过 95％的显著性检验)

　　由 2021—2060 年气候模式集合平均的黄河流域青海段四季降水量时间倾向率空间分布(图 5.50)可知,SSP1-2.6 情景下(图 5.50a～d),全流域四季降水量均呈增加趋势,增多速率由秋季、春季、夏季、冬季依次递减,其中,秋季各子流域东南部增多速率较其余季节更为明显;其次是春季,尤其是玛曲流域东南部、湟水河流域和大通河流域东南部降水量增多速率更为明显;夏季全流域大部降水量增多速率为 0.5～3.7 mm/10 a;冬季全流域各地降水量增多速率整体较小,增多速率在 1.3 mm/10 a 以下,低情景下夏季各地降水量增多速率均未通过 95％的显著性检验。SSP2-4.5 情景下(图 5.50e～h),全流域四季降水量呈增加趋势,增多速率由夏季、秋季、春季、冬季依次递减,其中,夏季玛曲流域大部增多速率较其余季节更为明显;其次是秋

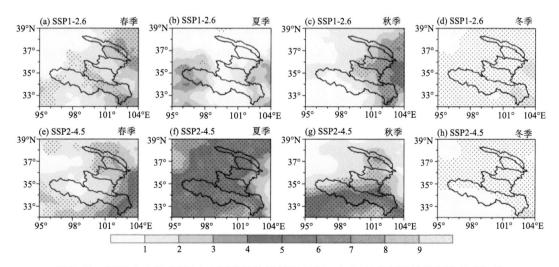

图 5.50　SSP1-2.6 和 SSP2-4.5 两种排放情景下 2021—2060 年黄河流域青海段春、夏、秋、冬季平均降水量时间倾向率(单位:mm/10 a)空间分布(打点区域通过 95％的显著性检验)

季,干流区域东南部增多速率更为明显;春季全流域各地降水量增多速率为 0.7~6.4 mm/10 a;冬季全流域各地降水量增多速率整体较小,增多速率在 1.0 mm/10 a 以下。

综上所述,SSP1-2.6、SSP2-4.5 情景下,2021—2060 年黄河流域青海段年降水量总体呈明显增多趋势,增多速率分别为 5.9 mm/10 a、11.4 mm/10 a;两种情景下 2021—2060 年黄河流域青海段降水量总体呈西北少东南多的变化特征,年内四季降水量增多幅度略有差异,秋季降水量增多幅度较为明显。

第 6 章

黄河流域青海段流量预估

6.1　水文模型简介

6.1.1　SWAT 水文模型

土地利用和水文过程模拟模型(soil and water assessment tool,简称 SWAT 模型)是由美国农业部农业研究中心开发的具有较强物理基础的分布式流域水文模型,能够客观反映气候和下垫面因子的空间不均匀性对水文过程的影响,可用于长时间尺度的径流模拟(Arnold et al.,1998),并提供参数敏感性分析和参数自动率定模块。分布式水文模型参数较多,部分参数由于测量手段限制和尺度问题而无法直接获取,一般通过模型物理参数率定获得(Beven,2000)。目前 SWAT 模型已被用于模拟地表径流、地下水、土壤温度、土壤湿度、沙的产生和运输、养分流失和其他农业管理过程(Moriasi et al.,2015;Wu et al.,2019;Ji et al.,2021;Si et al.,2022)。应用 SWAT 模型的参数敏感性分析模块筛选出敏感参数(表 6.1),然后应用 SWATCUP 模块,进行 SWAT 水文模型参数的率定与验证,使 1961—2016 年各月实测流量与模拟流量拟合关系达到模型效果评估的要求。

表 6.1　SWAT 主要参数的意义

参数名称	参数物理意义	初始值取值范围
v__ESCO.hru	土壤蒸发补偿系数	(0.5,1.0)
r__CN2.mgt	径流曲线系数	(−0.2,0.5)
v__GWQMN.gw	浅层含水层产生基流的阈值深度	(−1.0,700.0)
v__GW_REVAP.gw	地下水再蒸发系数	(0,0.2)
r__SOL_AWC(1).sol	土壤层有效水容量	(−0.2,0.4)
r__SOL_K(1).sol	土壤饱和水传导度	(−0.8,2.0)
r__REVAPMN.gw	渗透到深层防水层的阈值深度	(50.0,600.0)
v__SFTMP.bsn	融雪基温	(−25.0,−5.0)
r__SOL_BD(1).sol	土壤饱和容重	(−5.0,0.6)
r__SMFMN.bsn	12 月 21 日的融雪因子	(5.0,20.0)
r__RCHRG_DP.gw	深层水层渗透比	(0,20.0)
v__CH_N2.rte	主河道河床曼宁系数	(0,0.3)
r__TLAPS.sub	气温垂直递减率	(0,20.0)

续表

参数名称	参数物理意义	初始值取值范围
v__GW_DELAY.gw	地下水延迟时间	(30.0,450.0)
v__CH_K2.rte	主河道河床有效水力传导度	(−5.0,600.0)
v__SURLAG.bsn	地表径流滞后系数	(5.0,20.0)
v__CANMX.hru	最大冠层截流量	(0,20.0)
v__HRU_SLP.hru	平均坡度	(0,5.0)
v__PLAPS.sub	降水递减率	(100.0,600.0)
v__TIMP.bsn	积雪温度滞后系数	(−2.0,2.0)
v__SLSUBBSN.hru	平均坡长	(0,150.0)
r__BIOMIX.mgt	生物混合效率	(−5.0,5.0)
v__ALPHA_BF.gw	基流alpha因子	(−2.0,2.0)
v__SMFMX.bsn	6月21日的融雪因子	(0,10.0)
v__EPCO.hru	植物吸收补偿因子	(0,2.0)
v__SMTMP.bsn	降雪温度	(0,20.0)
r__SOL_ALB().sol	湿润土壤反照率	(0,5.0)

  SUFI-2算法是2007年开发的一种综合优化和梯度搜索方法,不仅可以同时率定多个参数,而且具有全局搜索的功能,同时还考虑了输入数据、模型结构、参数及实测数据的不确定性(左德鹏 等,2012)。SUF1−2算法开始时先假设一个比较大的参数补缺空间,使实测数据被包含在95%预测不确定性范围内(也称为95PPU),然后逐步地缩小不确定性的区间范围,同时关注P因子和R因子的变化。SUFI-2算法的计算步骤包括以下7步:①确定目标函数。②确定参数的物理意义和区间范围。③根据选定的目标函数,对每个参数进行多次模拟。④参数范围确定后进行LatinHypercube抽样。⑤进行LatinHypercube抽样后,得到多种参数组合,并进行模拟。⑥对第一步进行评估、模拟,并计算结果。⑦进行参数的不确定性分析。

6.1.2 HBV水文模型

  HBV水文模型是瑞典国家水文气象局开发研制的一个半分布式洪水预报模型。HBV模型由气候资料插值、积雪和融化、蒸散发估算、土壤湿度计算过程、产流过程、汇流过程等子模块组成(刘义花 等,2015,2021;林志强 等,2016;刘鸣彦 等,2021)。该版本模型具有汇流时间模块,分别模拟各子流域的径流过程,后经过河道汇流形成流域出口断面的径流过程,模型输入数据主要是黄河流域青海段地理高程、气温、降雨、土地利用、土壤最大含水量和河流汇流时间等参数(表6.2)。

表6.2 HBV模型主要参数的意义

参数名称	参数物理意义	取值范围
TS	融雪阈值温度	(−5.0,15.0)
CX	融化指数	(0.0,0.72)
PKORR	降水对雨量校正系数	(0.0,1.2)
SKORR	降水对雪量的校正系数	(0.0,1.0)

参数名称	参数物理意义	取值范围
BETA	土壤水分带阈值	(0.0,6.0)
KUZ2	表层区域慢时间常数	(0.05,0.10)
UZ1	快速径流阈值	(0.0,100)
KUZ1	表层区域快时间参数	(0.0,1.0)
FCDEL	实际蒸散和潜在蒸散的比值	(0.0,1.0)
KLZ	底层时间常数	(0.004,0.006)

6.1.3　水文模型参数率定与验证方法

SWAT 水文模型和 HBV 水文模型均应用确定性系数(R^2)、NASH 系数(E_{ns})、模拟偏差(PBIAS)进行水文模型月径流模拟效果评估(公式(6.1)~公式(6.3))。R^2 反映模拟值和实测值变化趋势的一致性,其值越接近 1,说明两者的趋势一致性越好。E_{ns} 反映模型的整体效率,其值越接近 1 说明适用性越高。PBIAS 反映模拟流量与观测流量的总体偏差,值越接近 0,越接近观测流量。一般认为,对于月尺度流量模拟,E_{ns} 大于 0.6、R^2 大于 0.6、|PBIAS| 小于 15% 所率定的水文模型可适用于研究区域流量的模拟(杨军军 等,2013;李谦 等,2015;Moriasi et al.,2015;Si et al.,2022;Liu et al.,2023a;Pandi et al.,2023),E_{ns}、R^2 和 PBIAS 的计算公式如下:

$$E_{ns} = 1 - \frac{\sum_{i=1}^{n}(Q_{obs,i} - Q_{sim,i})^2}{\sum_{i=1}^{n}(Q_{obs,i} - \overline{Q_{obs}})^2} \quad (6.1)$$

$$R^2 = \frac{\left[\sum_{i=1}^{n}(Q_{obs,i} - \overline{Q_{obs}})(Q_{sim,i} - \overline{Q_{sim}})\right]^2}{\sum_{i=1}^{n}(Q_{obs,i} - \overline{Q_{obs}})^2 \sum_{i=1}^{n}(Q_{sim,i} - \overline{Q_{sim}})^2} \quad (6.2)$$

$$PBIAS = 100 \times \frac{\sum_{i=1}^{n}Q_{sim,i} - \sum_{i=1}^{n}Q_{obs,i}}{\sum_{i=1}^{n}Q_{obs,i}} \quad (6.3)$$

式中,Q_{obs} 和 Q_{sim} 分别为实测和模拟的月流量,$\overline{Q_{obs}}$ 和 $\overline{Q_{sim}}$ 分别为实测和模拟的月径流序列的平均值,i 为月份,n 为校准期或验证期的月径流序列长度。

6.2　水文模型参数率定与验证结果

利用历史气象资料驱动已建立的 SWAT 和 HBV 水文模型模块,进行黄河流域青海段观测期月流量的模拟。通过各子流域主要控制水文站模拟流量与实测流量的对比(表 6.3、表 6.4),两种水文模型率定期和验证期月尺度观测流量和模拟流量拟合效果较好,R^2、E_{ns} 系数以及偏差系数(PBIAS)均达到了模型检验的标准,经参数率定后的 SWAT、HBV 模型能够较好地反映各子流域控制站流量的季节分布特征,除模型对流域枯水季节流量的模拟存在略偏高的现象外,大部分对汛期峰值的模拟与实测较为吻合。总体来说,经模型参数化、率定和验证的 SWAT 模型能够比较准确模拟各子流域月流量的变化。

表 6.3 黄河流域青海段 SWAT 模型率定与验证

站点	时段	E_{ns}	R^2	PBIAS/%
玛曲站	校正（1961—1990 年）	0.77	0.74	10.5
	验证（1991—2016 年）	0.77	0.67	−8.6
唐乃亥站	校正（1961—1990 年）	0.76	0.86	3.9
	验证（1991—2016 年）	0.76	0.86	4.1
循化站	校正（1961—1970 年）	0.64	0.68	12.5
	验证（1971—1990 年）	0.76	0.81	−3.6
民和站	校正（1980—1985 年）	0.70	0.79	−2.0
	验证（1986—1994 年）	0.60	0.79	4.6
享堂站	校正（1961—1990 年）	0.80	0.82	−13.1
	验证（1991—2016 年）	0.66	0.71	10.8

表 6.4 黄河流域青海段 HBV 模型的参数率定与验证

站点	时段	E_{ns}	R^2	PBIAS/%
玛曲站	校正（1993—1995 年）	0.87	0.87	−4.7
	验证（1996—2000 年）	0.70	0.71	−5.4
唐乃亥站	校正（1993—1999 年）	0.78	0.74	3.4
	验证（2000—2005 年）	0.87	0.84	−3.5
循化站	校正（1961—1970 年）	0.72	0.78	3.4
	验证（1971—1990 年）	0.75	0.77	−4.7
民和站	校正（1972—1988 年）	0.76	0.78	−6.1
	验证（1989—2016 年）	0.68	0.67	1.9
享堂站	校正（1972—1988 年）	0.86	0.86	−3.1
	验证（1989—2016 年）	0.65	0.69	8.7

6.3 玛曲流域未来流量预估

基于 CMIP6 全球气候模式组合情景的气候模式数据（SSP1-2.6、SSP2-4.5），结合率定好的 SWAT、HBV 水文模型，利用 8 个 GCMs 两种情景数据（SSP1-2.6、SSP2-4.5）分别驱动 SWAT 模型、HBV 模型，进行黄河流域青海段 2021—2060 年月、年平均流量的时间变化预估。以基准期超越频率≤10% 和≥90% 的月流量分别作为月极端丰水（Q10）和月极端枯水（Q90）流量阈值，分析全球增温背景下黄河流域青海段汛期（6—8 月）、蓄水期（9—11 月）和枯水期（12 月至次年 5 月）丰水和枯水流量变化特征。通过两种水文模型 8 个 GCMs 预估的综合集成结果来反映黄河流域青海段未来流量的变化，从而降低不同气候模式、不同水文模型对水文模拟效果的影响。

6.3.1 玛曲流域流量年际变化

利用 SSP1-2.6、SSP2-4.5 两种排放情景下的 8 个 GCMs 驱动 SWAT 水文模型，进行玛曲流域未来 40 年流量预估,由玛曲流域流量预估结果(图 6.1a)可知,SSP1-2.6、SSP2-4.5 情景下,2021—2060 年玛曲流域平均流量较基准期(1995—2014 年)均增加,增幅分别为 10.8%、10.5%,与预估的平均降水量增幅接近,此外,SSP1-2.6 情景下的流量增幅略高于 SSP2-4.5 情景下的流量增幅。不同的气候模式预估的流量结果差异明显。两种低排放情景下,BCC、IPSL 模式模拟的流量较基准期均减少,减幅为 0.1%~9.2%;其余 6 个 GCMs 模拟的流量均增加,其中,CCCma、CNRM 模式模拟流量的增幅为 22.3%~34.9%,其余模式流量增幅在 17.1% 以下。由玛曲流域年代际流量集合平均预估结果(图 6.1 b)可知,SSP1-2.6 情景下,21 世纪 20 年代(2020s)、30 年代(2030s)、40 年代(2040s)、50 年代(2050s)玛曲流域流量均增加,增幅分别为 9.8%、8.4%、13.5%、11.4%,其中,40 年代流量增幅最大。SSP2-4.5 情景下,21 世纪 20 年代、30 年代、40 年代、50 年代玛曲流域流量增幅依次为 8.7%、6.3%、11.2%、15.0%,其中,21 世纪 50 年代流量增幅最大。总体来看,两种排放情景下,玛曲流域前期流量增幅较小,后期增幅较大。

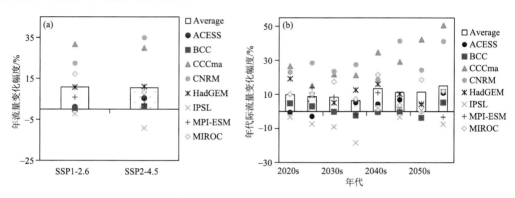

图 6.1　基于 SWAT 模型预估的 SSP1-2.6、SSP2-4.5 情景下 2021—2060 年
玛曲流域集合平均年流量(a)及年代际流量(b)变化幅度(基准期:1995—2014 年)

利用 8 个 GCMs 驱动 HBV 水文模型,进行玛曲流域未来 40 年流量预估,由玛曲流域综合集合平均的流量预估结果可知,SSP1-2.6、SSP2-4.5 情景下,2021—2060 年玛曲流域流量较基准期均增加,增幅分别为 6.6%、4.2%,其中,ACESS、BCC、IPSL 模式模拟的流量均减少,减幅为 2.0%~20.2%;其余 5 个气候模式两种情景下模拟的流量均增加,增幅为 1.4%~43.1%,其中,CNRM 模式模拟的流量增幅最大。从玛曲流域流量年代际变化来看(图 6.2),SSP1-2.6 情景下玛曲流域 21 世纪 20 年代、30 年代、40 年代、50 年代流量较基准期均增加,各年代际流量增幅分别为 5.6%、5.7%、8.2%、7.3%,其中,40 年代流量增幅最大。SSP2-4.5 情景下,玛曲流域各年代际流量增幅依次为 7.0%、1.5%、2.1%、6.2%,其中,20 年代流量增幅最大。总体来看,SSP1-2.6 情景下玛曲流域后期流量的增幅高于前期流量的增幅,SSP2-4.5 情景下,前后期流量的增幅较大,中期增幅较小。

6.3.2　玛曲流域月流量变化

月流量的变化可导致年流量的变化,因此,通过月流量的变化,以此来揭示黄河流域青海段年内各月流量的变化规律。

由 SWAT 模型预估的玛曲流域 2021—2060 年逐月流量(图 6.3a,b)可知,与基准期相比,SSP1-2.6、SSP2-4.5 情景下,玛曲流域 2021—2040 年和 2041—2060 年 1—5 月、9—12 月

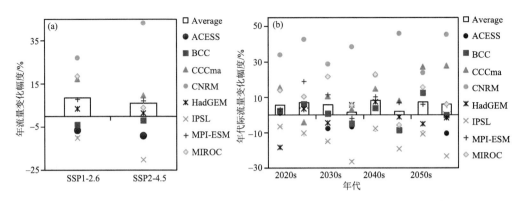

图 6.2　基于 HBV 模型预估的 SSP1-2.6、SSP2-4.5 情景下 2021—2060 年
玛曲流域集合平均年流量(a)及年代际流量(b)变化幅度(基准期:1995—2014 年)

各月流量均增加,增幅为 0.1%～1.2%;两种情景下 2021—2040 年和 2041—2060 年其余各月流量均减少,减幅为 0.2%～2.0%。总体来看,2021—2060 年玛曲流域 6—8 月流量略减少 0.6%～1.5%,其余各月流量增幅 0.1%～1.0%,其中,10—11 月流量增加较明显。

　　由 HBV 模型预估的玛曲流域 2021—2060 年逐月流量可知(图 6.3c,d),与基准期相比,SSP1-2.6、SSP2-4.5 情景下,2021—2040 年和 2041—2060 年两个时段下玛曲流域 6—10 月各月流量均减少,减幅为 0.4%～2.4%;其余各月流量均增加,增幅为 0.1%～3.8%。

　　总体来看,未来 40 年玛曲流域 6—8 月流量较基准期减少,其余时段流量增加。

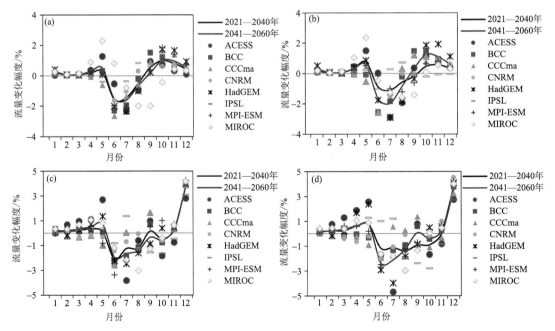

图 6.3　基于 SWAT 模型(a,b)和 HBV 模型(c,d)预估的 SSP1-2.6、SSP2-4.5
情景下 2021—2060 年玛曲流域集合平均月流量变化幅度(基准期:1995—2014 年)

6.3.3　玛曲流域极端流量变化

由 SWAT 模型预估的玛曲流域月极端丰水流量和月极端枯水流量变化(图 6.4)可知,SSP1-2.6、SSP2-4.5 情景下,玛曲流域 2021—2060 年汛期(6—8 月)及枯水期(5月)极端丰水流量均减少,减幅分别为 2.8%～7.8%、3.2%～5.6%,其余时段极端丰水流量均增加,增幅分别为 0.2%～5.3%、0.6%～4.9%,其中,1—3 月增幅最明显。SSP1-2.6 情景下,玛曲流域 2021—2060 年汛期、蓄水期(9 月)、枯水期(4—5 月)极端枯水流量较基准期增加,增幅为 1.3%～8.4%,其余各月极端枯水流量减幅为 1.7%～6.3%;SSP2-4.5 情景下,玛曲流域汛期、蓄水期(9 月)极端枯水流量明显增加,增幅为 6.0%～9.8%,其余各月极端枯水流量均减少,减幅为 2.3%～7.6%。

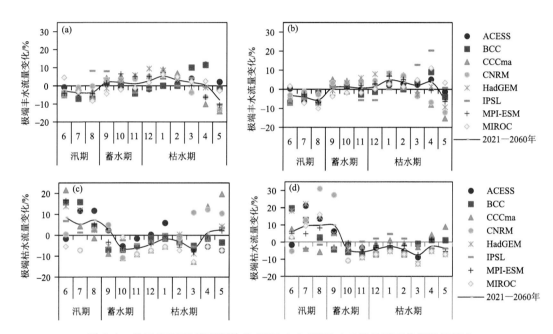

图 6.4　基于 SWAT 模型预估的 SSP1-2.6、SSP2-4.5 情景下玛曲流域极端丰水径流 Q10(a,b)及极端枯水径流 Q90(c,d)变化

基于 HBV 模型预估的玛曲流域集合模式平均的月极端丰水流量(Q10)和月枯水流量(Q90)预估(图 6.5)可知,SSP1-2.6 情景下,玛曲流域 2021—2060 年枯水期(1 月、3—5 月)、汛期(8 月)、蓄水期(10 月)极端丰水流量均增加,增幅为 1.5%～12.1%,其余时段极端丰水流量减少,减幅为 1.8%～7.1%;SSP2-4.5 情景下,枯水期(1—3 月、12 月)极端丰水流量增幅为 1.2%～28.2%,12 月增幅最大,其余时段极端丰水流量均减少,减幅为 1.2%～8.8%。SSP1-2.6、SSP2-4.5 情景下,玛曲流域 2021—2060 年汛期、蓄水期(9—10 月)极端枯水流量均增加,增幅为 2.2%～8.6%,其余时期极端枯水流量均减少,减幅为 1.2%～9.0%,其中,12 月减幅最大。

总体来看,未来 40 年玛曲流域汛期月极端丰水流量有所减少,蓄水期、枯水期月极端丰水流量有所增加,但流量的极端性明显增加,增加了汛期洪涝风险。

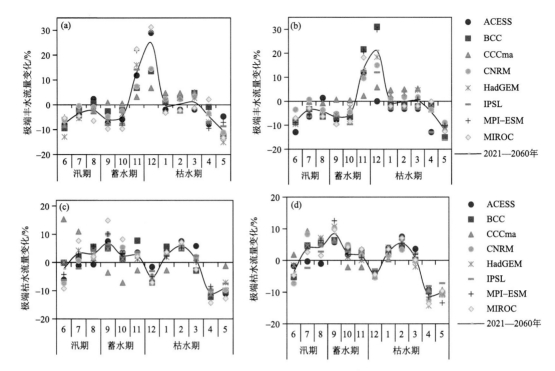

图 6.5　基于 HBV 模型预估的 SSP1-2.6、SSP2-4.5 情景下玛曲流域极端
丰水流量 Q10(a,b)及极端枯水流量 Q90(c,d)变化

6.4　唐乃亥流域未来流量预估

6.4.1　唐乃亥流域流量年际变化

利用 8 个 GCMs 驱动 SWAT 模型进行唐乃亥流域未来 40 年流量预估,由集合平均预估结果(图 6.6a)可知,SSP1-2.6、SSP2-4.5 情景下,2021—2060 年唐乃亥流域流量较基准期均增多,增幅分别为 12.8%、11.9%,SSP1-2.6 情景下的流量增幅略高于 SSP2-4.5 情景下的流量增幅。不同的气候模式预估结果不尽相同,两种情景下,仅 IPSL 模拟的流量较基准期减少 0.7%~7.5%,其余 7 个模式模拟的未来 40 年流量均增加,增幅为 1.6%~36.2%,其中,CCCma、CNRM 和 HadGEM 模型增幅尤为明显。由唐乃亥流域流量年代际变化可知(图 6.6b),SSP1-2.6 情景下 21 世纪 20 年代、30 年代、40 年代、50 年代唐乃亥流域流量较基准期均增加,其中,40 年代、50 年代流量增幅较明显,增幅分别为 15.2%、14.1%;SSP2-4.5 情景下,21 世纪 30 年代流量增幅最少,为 9.6%,20 年代、40 年代、50 年代唐乃亥流域流量增幅依次为 10.0%、13.6%、17.6%,50 年代流量增幅最大。

利用 8 个 GCMs 分别驱动 HBV 模型进行唐乃亥流域未来 40 年流量预估。由集合平均预估结果可知,SSP1-2.6、SSP2-4.5 情景下 2021—2060 年唐乃亥流域流量较基准期均增多,增幅分别为 4.2%、6.1%,其中,ACESS、BCC、HadGEM、IPSL 模式模拟的流量较基准期减少 0.9%~21.0%;其余 4 个气候模式预估的流量均增加,增幅为 3.4%~36.5%,其中,SSP2-4.5 情景下 MPI-ESM 和 CNRM 气候模式预估的流量增幅最大,均为 36.5%。由唐乃亥流域

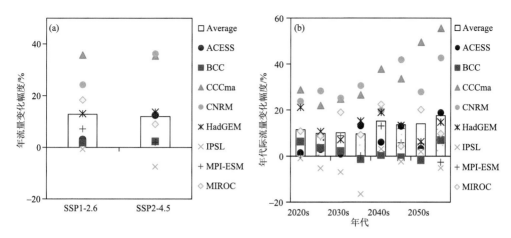

图 6.6　基于 SWAT 模型预估的 SSP1-2.6、SSP2-4.5 情景下 2021—2060 年
唐乃亥流域集合平均年流量(a)及年代际流量(b)变化幅度(基准期:1995—2014 年)

未来 40 年流量的年代际变化(图 6.7)可知,SSP1-2.6 情景下 21 世纪 20 年代、30 年代、40 年代、50 年代唐乃亥流域流量较基准期均增加,各年代际流量增幅分别为 6.8%、2.8%、4.8%、3.0%,20 年代增幅最大;SSP2-4.5 情景下,30 年代唐乃亥流域流量增幅最小,增幅为 3.4%,20 年代、40 年代、50 年代唐乃亥流域流量增幅依次为 6.7%、6.0%、8.2%,50 年代流量增幅最大。

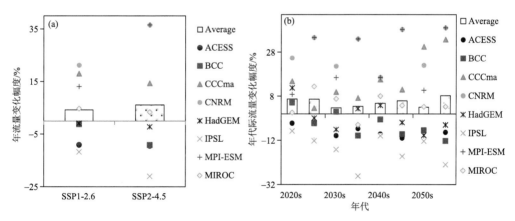

图 6.7　基于 HBV 模型预估的 SSP1-2.6、SSP2-4.5 情景下 2021—2060 年
唐乃亥流域集合平均年流量(a)及年代际流量(b)变化幅度(基准期:1995—2014 年)

6.4.2　唐乃亥流域月流量变化

基于 SWAT 模型预估的唐乃亥流域 2021—2060 年逐月流量(图 6.8)可知,与基准期相比,SSP1-2.6、SSP2-4.5 情景下,唐乃亥流域 2021—2040 年和 2041—2060 年 6—8 月流量减幅为 0.3%~1.1%,其余各月流量均增加,增幅为 0.1%~0.7%,10—11 月增幅明显。总体来看,唐乃亥流域 2021—2060 年 6—8 月流量减少,其余各月流量均增加。

由 HBV 模型预估的唐乃亥流域 2021—2060 年逐月流量可知,SSP1-2.6 情景下,2021—2040 年和 2041—2060 年两个时段下的 3 月、9 月、10 月、12 月流量较基准期均增加,增幅为

0.1%～1.6%,12 月流量增幅最大,其余各月流量均减少,减幅为 0.2%～0.9%,其中,6—8月流量减少幅度最明显;SSP2-4.5 情景下,3 月、5 月、8—10 月、12 月流量较基准期均增加,增幅为 0.1%～1.3%,12 月流量增幅最大;而其余各月流量均减少,减幅为 0.2%～0.8%,6 月、11 月减幅最大。

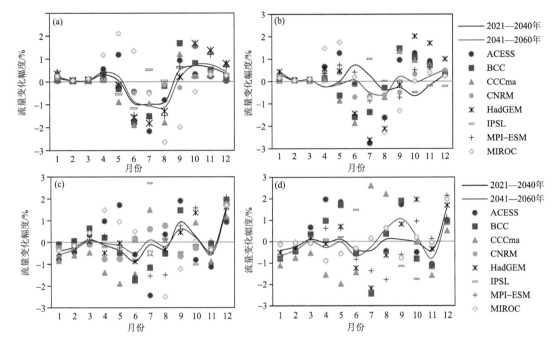

图 6.8　基于 SWAT 模型(a,b)和 HBV 模型(c,d)预估的 SSP1-2.6、
SSP2-4.5 情景下 2021—2060 年唐乃亥流域各月流量变化幅度

6.4.3　唐乃亥流域月极端流量分析

由 SWAT 模型预估的唐乃亥流域月丰水流量(Q10)和月枯水流量(Q90)(图 6.9)可知,SSP1-2.6 和 SSP2-4.5 两种情景下,2021—2060 年唐乃亥流域汛期、蓄水期极端丰水流量较基准期均增加,增幅分别为 3.5%～12.7%、13.3%～13.4%;两种情景下枯水期极端丰水流量较基准期减少,减幅为 7.5%～23.1%,1—3 月极端丰水流量减少幅度尤为明显。SSP1-2.6 和 SSP2-4.5 情景下,2021—2060 年唐乃亥流域汛期、蓄水期及枯水期(1 月、12 月)极端枯水流量较基准期均减少,减幅为 5.0%～10.7%;SSP1-2.6 和 SSP2-4.5 情景下,枯水期(2—4月)极端枯水流量明显增加,增幅为 19.4%～26.2%。

由 HBV 模型预估的唐乃亥流域 2021—2060 年丰水流量(Q10)和月枯水流量(Q90)较基准期变化(图 6.10)可知,SSP1-2.6、SSP2-4.5 情景下,2021—2060 年唐乃亥流域汛期(8 月)、蓄水期(9 月)、枯水期(1—2 月、4 月、12 月)极端丰水流量较基准期增加,增幅为 0.1%～22.2%;两种情景下,汛期(6—7 月)、蓄水期(10—11 月)、枯水期(3 月、5 月)极端丰水流量减少,减幅为 0.4%～10.6%,其中,5—7 月极端丰水流量减幅明显。SSP1-2.6、SSP2-4.5 情景下,2021—2060 年唐乃亥流域汛期(6 月、8 月)、蓄水期(11 月)、枯水期(1—2 月)极端枯水流量增幅为 0.1%～11.7%,1 月增幅最大;两种情景下其余时段极端枯水流量减少,减幅为 0.4%～10.3%,12 月减幅最大。

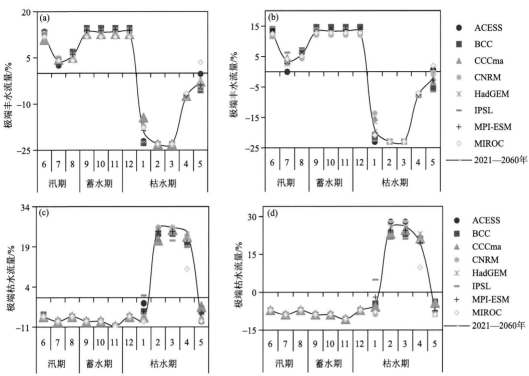

图 6.9　基于 SWAT 模型预估的 SSP1-2.6、SSP2-4.5 情景下 2021—2060 年
唐乃亥流域极端丰水流量 Q10(a,b)及极端枯水流量 Q90(c,d)变化

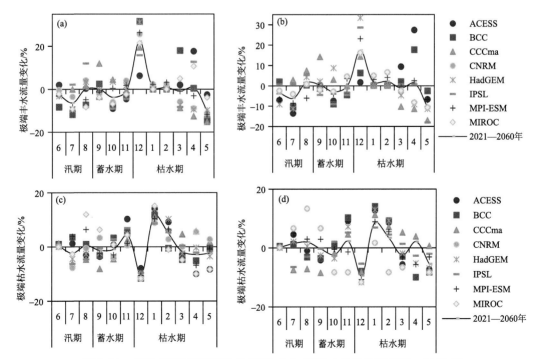

图 6.10　基于 HBV 模型预估的 SSP1-2.6、SSP2-4.5 情景下 2021—2060 年
唐乃亥流域极端丰水流量 Q10(a,b)及极端枯水流量 Q90(c,d)变化

6.5 唐乃亥至省界流域未来流量预估

6.5.1 唐乃亥至省界流域流量年际变化

利用 8 个 GCMs 驱动 SWAT 模型进行唐乃亥至省界流域未来 40 年流量预估,由集合平均预估结果(图 6.11a)可知,SSP1-2.6、SSP2-4.5 情景下,2021—2060 年唐乃亥至省界流域流量增幅分别为 10.5%、9.5%,SSP1-2.6 情景下,IPSL 模式预估的流量较基准期减少 3.6%,ACESS、BCC 模式预估的流量无显著变化,其余模式预估的流量均增加,增幅为 4.9%~34.0%。SSP2-4.5 情景下,IPSL 和 MPI-ESM 模式预估的流量较基准期减少,减幅为 0.3%~10.8%,ACESS、BCC 模式预估的流量无显著变化,其余模式预估的流量均增加,增幅为 5.8%~36.1%。

由 2021—2060 年唐乃亥至省界流域流量年代际变化(图 6.11b)来看,SSP1-2.6 情景下,21 世纪 20 年代、30 年代、40 年代、50 年代唐乃亥至省界流域流量较基准期均增加,各年代流量增幅分别为 9.4%、8.1%、12.9%、12.4%,40 年代流量增幅最多;SSP2-4.5 情景下,21 世纪 20 年代、30 年代、40 年代、50 年代流量增幅依次为 7.4%、5.8%、9.9%、14.2%,50 年代期间流量增幅最多。

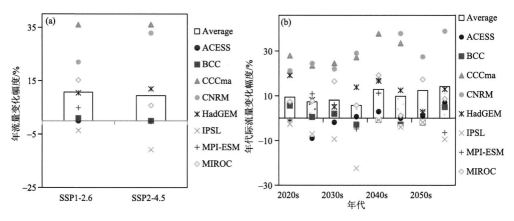

图 6.11 基于 SWAT 模型预估的 SSP1-2.6、SSP2-4.5 情景下 2021—2060 年
唐乃亥至省界流域集合平均年流量(a)及年代际流量(b)变化幅度(基准期:1995—2014 年)

由 HBV 模型预估的唐乃亥至省界流域流量可知,SSP1-2.6 情景下,唐乃亥至省界流域 2021—2060 年流量较基准期增幅为 4.7%,ACESS、BCC、IPSL 模式预估的流量较基准期均减少,减幅为 1.2%~14.4%,其余气候模式预估的流量均增加,增幅为 1.1%~29.5%,其中,CNRM 气候模式预估的流量增幅最大。SSP2-4.5 情景下,唐乃亥至省界流域 2021—2060 年流量较基准期减幅为 17.4%,8 个气候模式预估的流量均减少,减幅为 3.5%~25.5%,其中,IPSL 气候模式减幅最大。从 2021—2060 年唐乃亥至省界流域流量年代际变化(图 6.12)来看,SSP1-2.6 情景下,21 世纪 20 年代、30 年代、40 年代、50 年代唐乃亥至省界流域流量较基准期均增加,各年代流量增幅分别为 8.7%、3.7%、4.7%、2.3%,20 年代流量增幅最大。SSP2-4.5 情景下,21 世纪 20 年代、30 年代、40 年代、50 年代唐乃亥至省界流域流量减少幅度依次为 16.6%、20.8%、21.2%、17.5%,40 年代流量减幅最大。

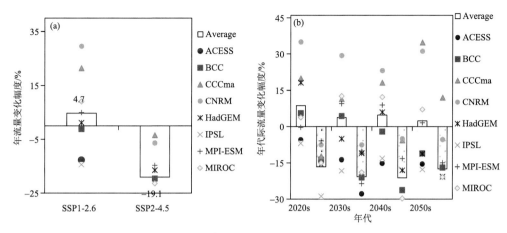

图 6.12　基于 HBV 模型预估的 SSP1-2.6、SSP2-4.5 情景下 2021—2060 年
唐乃亥至省界流域集合平均年流量(a)及年代际流量(b)变化幅度(基准期:1995—2014 年)

6.5.2　唐乃亥至省界流域月流量变化

通过 SWAT 模型预估的唐乃亥至省界流域 2021—2060 年逐月流量(图 6.13a,b)可知,与基准期相比,SSP1-2.6、SSP2-4.5 情景下,2021—2040 年和 2041—2060 年两个时段下的 9 月至次年 3 月唐乃亥至省界流域月流量变化均呈微弱的增加态势,增幅为 0.1%~0.8%;SSP1-2.6、SSP2-4.5 情景下,4—8 月流量均呈减少趋势,减幅分别为 0.1%~0.8%、0.1%~1.0%。

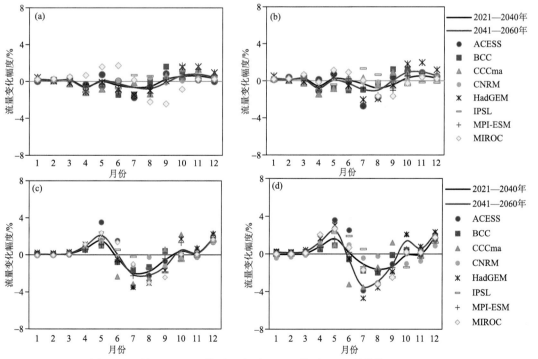

图 6.13　基于 SWAT 模型(a,b)和 HBV 模型(c,d)预估的 SSP1-2.6、
SSP2-4.5 情景下 2021—2060 年唐乃亥至省界流域各月流量变化幅度

根据 HBV 模型预估的唐乃亥至省界流域 2021—2060 年逐月流量(图 6.13c,d)来看,SSP1-2.6 情景下,2021—2040 年和 2041—2060 年两个时段下的 3—5 月、10—12 月流量较基准期均增加,增幅为 0.1%～2.1%,5 月流量增幅最大,1 月、2 月流量无明显变化,其余各月流量均减少,减幅为 0.2%～2.2%,其中,6—8 月流量减少幅度较其他时段更明显;SSP2-4.5 情景下,2021—2040 年和 2041—2060 年两个时段下,3—5 月、11—12 月流量较基准期均增加,增幅为 0.1%～2.5%,5 月、12 月流量增幅最多,其余 7 个月流量均减少,减幅为 0.2%～3.5%。

6.5.3 唐乃亥至省界流域月极端流量变化

由 SWAT 模型预估的 2021—2060 年唐乃亥至省界流域平均极端月流量变化(图 6.14)可知,SSP1-2.6 情景下,唐乃亥至省界流域汛期(7—8 月)及枯水期(3—5 月)极端丰水流量较基准期减少,减幅为 1.3%～13.6%,4 月减幅最大,其余月份极端丰水流量均增加,增幅为 0.8%～7.6%;SSP2-4.5 情景下,唐乃亥至省界流域汛期(7—8 月)、蓄水期(9 月)及枯水期(4—5 月)极端丰水流量较基准期减少,减幅为 0.1%～12.6%,其余月份极端丰水流量增幅为 0.9%～10.9%。SSP1-2.6 情景下,唐乃亥至省界流域 2021—2060 年 4—5 月、8—9 月极端枯水流量较基准期增加明显,增加幅度为 1.1%～17.3%,其余各月极端枯水流量减少明显,减少幅度为 0.7%～4.9%;SSP2-4.5 情景下,唐乃亥至省界流域 4 月、7—9 月极端枯水流量增加幅度为 1.7%～19.4%,其余月份均减少,减少幅度为 1.4%～4.4%,其中,1 月减少幅度最明显。

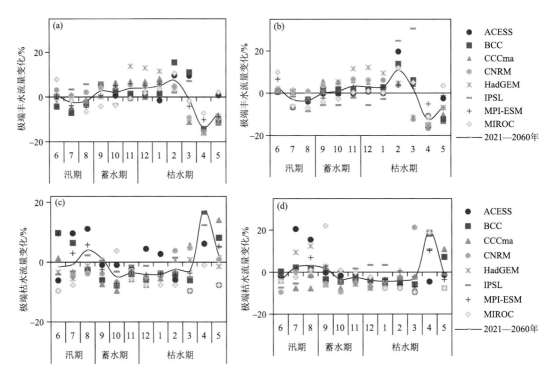

图 6.14 基于 SWAT 模型预估的 SSP1-2.6、SSP2-4.5 情景下 2021—2060 年唐乃亥至省界流域极端丰水流量 Q10(a,b)及极端枯水流量 Q90(c,d)变化

由 HBV 模型预估的 2021—2060 年唐乃亥至省界流域月平均极端流量变化(图 6.15)可

知,SSP1-2.6、SSP2-4.5情景下,唐乃亥至省界流域2021—2060年1—4月、12月极端丰水流量较基准期增加,增幅为0.1%~22.4%,其中,4月、12月增加幅度较大;其余各月极端丰水流量均减少,减幅为1.2%~11.0%。SSP1-2.6情景下,唐乃亥至省界流域2021—2060年3—6月、12月极端枯水流量较基准期减少,减幅为0.3%~7.8%,其余各月极端枯水流量增加明显,增幅为0.4%~11.5%;SSP2-4.5情景下,1—3月、6—9月、11月极端枯水流量增幅为0.4%~3.7%,其余月份均减少,减幅为0.3%~6.3%,4月减幅最明显。

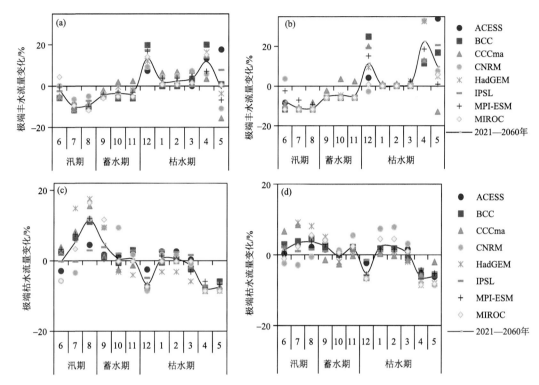

图6.15 基于HBV模型预估的SSP1-2.6、SSP2-4.5情景下2021—2060年唐乃亥至省界流域极端丰水流量Q10(a,b)及极端枯水流量Q90(c,d)变化

6.6 湟水河流域未来流量预估

6.6.1 湟水河流域流量年际变化

利用8个GCMs驱动SWAT模型进行湟水河流域未来40年流量预估,由集合平均预估结果(图6.16a)可知,SSP1-2.6、SSP2-4.5情景下,2021—2060年湟水河流域流量较基准期均减少,减幅分别为16.7%、14.9%。从各气候模式模拟的情况来看,两种情景下仅CCCma模式模拟的流量较基准期增加,增幅分别为30.6%、31.9%,其余模式流量均减少,减幅为12.9%~40.9%。从湟水河流域流量年代际变化(图6.16b)可知,SSP1-2.6情景下,21世纪20年代、30年代、40年代、50年代湟水河流域流量较基准期均减少,各年代流量减少幅度分别为18.9%、20.5%、18.4%、12.5%,30年代流量增幅最多。SSP2-4.5情景下,21世纪20年代、30年代、40年代、50年代湟水河流域流量减少幅度依次为19.1%、19.5%、17.4%、

12.8％，30年代流量减幅最多。

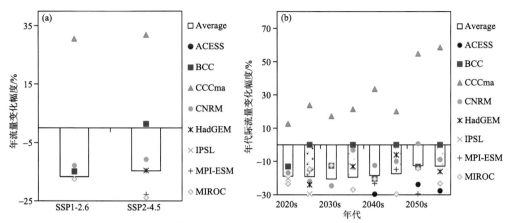

图6.16 基于SWAT模型预估的SSP1-2.6、SSP2-4.5情景下2021—2060年
湟水河流域集合平均年流量(a)及年代际流量(b)变化幅度(基准期：1995—2014年)

由HBV模型预估的湟水河流域集合平均流量(图6.17a)可知，SSP1-2.6、SSP2-4.5情景下，2021—2060年湟水河流域流量较基准期均减少，减幅分别为0.2％、4.5％。从各模式模拟的情况来看，SSP1-2.6情景下，CCCma、BCC、CNRM模式预估的流量增幅分别为52.8％、13.8％、8.4％，其余模式预估的流量均减少，减幅为6.0％～23.9％；SSP2-4.5情景下，CCCma、CNRM模式模拟的流量增幅分别51.3％、10.1％；其余模式模拟的流量均减少，减幅为1.6％～34.6％。基于HBV模型预估的湟水河流域年代际流量变化(图6.17b)可知，SSP1-2.6情景下，21世纪20年代、50年代湟水河流域流量较基准期增加0.9％、2.9％，30年代、40年代流量均减少，减幅分别为2.7％、1.2％。SSP2-4.5情景下，21世纪20年代、30年代、40年代、50年代湟水河流域流量减幅依次为5.7％、4.6％、6.3％、2.0％，21世纪40年代流量减幅最大。

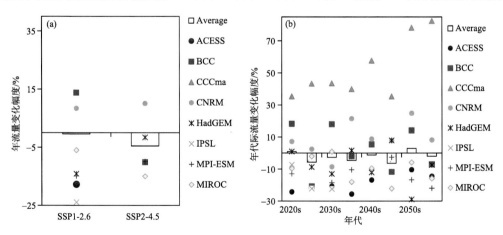

图6.17 基于HBV模型预估的SSP1-2.6、SSP2-4.5情景下2021—2060年
湟水河流域集合平均年流量(a)及年代际流量(b)变化幅度(基准期：1995—2014年)

6.6.2 湟水河流域月流量变化

利用8个GCMs分别驱动SWAT模型(图6.18a,b)，由湟水河流域2021—2060年综合

集成的各月流量可知,SSP1-2.6、SSP2-4.5情景下,2021—2040年和2041—2060年3—6月、11月湟水河流域月流量变化均增加,增幅为0.1%~3.1%;其余月份流量在两种情景下均减少,减幅为0.1%~2.9%。总体来看,SSP1-2.6情景下,湟水河流域2021—2060年1—6月、10—12月流量增幅为0.1%~0.3%,其余各月流量减幅为0.4%~1.2%;SSP2-4.5情景下,湟水河流域3~6月、11月流量增幅为0.4%~3.0%,其余各月流量减幅为0.1%~2.7%。

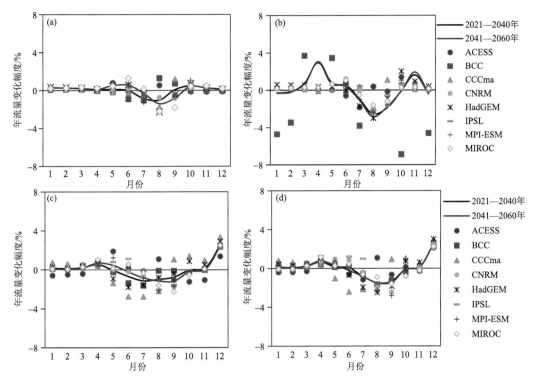

图6.18　基于SWAT模型(a,b)和HBV模型(c,d)预估的SSP1-2.6、
SSP2-4.5情景下2021—2060年湟水河流域各月流量变化幅度

由HBV模型模拟的湟水河流域2021—2060年逐月流量(图6.18c,d)可知,SSP1-2.6、SSP2-4.5情景下,湟水河流域2021—2040年和2041—2060年6—10月流量减幅为0.1%~1.5%,其余各月流量增幅为0.1%~2.5%,12月流量增幅最多,总体来看,SSP1-2.6、SSP2-4.5情景下,湟水河流域2021—2060年6—10月流量减幅为0.1%~1.5%,其余各月流量增幅为0.1%~2.5%。

6.6.3　湟水河流域月极端流量变化

由SWAT模型预估的湟水河流域月极端流量的集合平均结果(图6.19)可知,SSP1-2.6情景下,湟水河流域2021—2060年汛期、蓄水期以及枯水期(12月)极端丰水流量较基准期减少,减幅为0.4%~4.6%,其中,8月减幅最多,枯水期(1—5月)极端丰水流量增加明显,增幅为0.6%~6.3%,5月极端丰水流量增幅最大;SSP2-4.5情景下,汛期(7月、8月)、蓄水期(9月)及枯水期(1月、12月)流量较基准期减少,减幅为0.4%~4.9%,8月减少幅度最大,其余月份极端丰水流量均增加,增幅为0.1%~4.2%,其中,4月增幅最大。SSP1-2.6情景下,2021—2060年湟水河流域7—9月极端枯水流量较基准期增加明显,增幅为2.3%~7.7%,8月极端枯水流量增幅最大,其余月份极端枯水流量减少,减幅为 0.8%~5.7%;SSP2-4.5 情景下,2021—2060 年湟水河流域 1—2 月、7—9 月极端枯水流量增幅为 0.2%~9.3%,其余月份均减少,减幅为 0.6%~7.0%,6 月减少幅度最大。

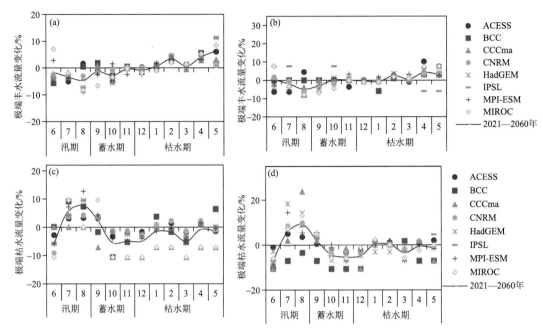

图 6.19　基于 SWAT 模型预估的 SSP1-2.6、SSP2-4.5 情景下 2021—2060 年
湟水河流域极端丰水流量 Q10(a,b)及极端枯水流量 Q90(c,d)变化

由 HBV 模型预估的湟水河流域月极端流量的集合平均结果可知(图 6.20),SSP1-2.6 情景下,2021—2060 年湟水河流域 2—3 月、11 月、12 月丰水流量较基准期增加,增幅为 0.4%~25.0%,其中,12 月增幅最大,其余各月极端丰水流量均减少,减幅为 0.1%~10.5%,5 月流量减幅最大;SSP2-4.5 情景下,3 月、11—12 月极端丰水流量较基准期增加,增幅为 0.2%~21.1%,其余月份极端丰水流量均减少,减幅为 0.1%~12.0%,其中,5 月减幅最大。SSP1-2.6、SSP2-4.5 情景下,2021—2060 年湟水河流域 4—6 月、12 月极端枯水流量较基准期减少,减幅分别为 2.2%~10.9%、3.7%~11.1%,其中,4 月极端枯水流量减幅最大;两种情景下其余时段极端枯水流量均增加,增幅分别为 0.9%~6.9%、0.7%~8.4%。

6.7　大通河流域未来流量预估

6.7.1　大通河流域流量年际变化

利用 8 个 GCMs 驱动 SWAT 模型进行大通河流域未来 40 年流量预估,由集合平均预估结果可知(图 6.21a),SSP1-2.6、SSP2-4.5 情景下,大通河流域 2021—2060 年流量较基准期增加,增幅分别为 4.0%、5.7%,其中,BCC、CCCma、CNRM、MIROC 模式预估的流量均增加,增幅为 6.2%~48.9%,其余模式模拟的流量均减少,减幅为 5.6%~17.0%。由大通河流域未来 40 年流量年代际变化可知(图 6.21b),SSP1-2.6 情景下,21 世纪 20 年代、30 年代、40 年

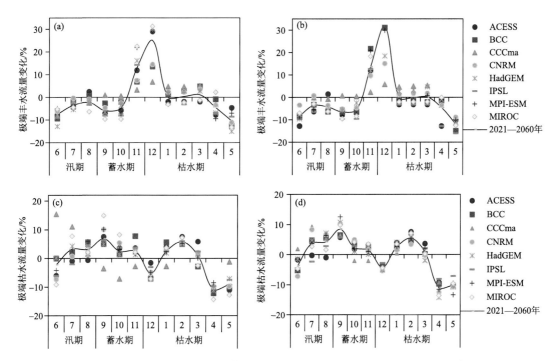

图 6.20　基于 HBV 模型预估的 SSP1-2.6、SSP2-4.5 情景下 2021—2060 年
湟水河流域极端丰水流量 Q10(a,b)及极端枯水流量 Q90(c,d)变化

代、50 年代大通河流域流量较基准期均增加,各年代流量增幅分别为 3.5%、1.2%、4.4%、
6.4%,50 年代流量增幅最大;SSP2-4.5 情景下,21 世纪 20 年代、30 年代、40 年代、50 年代大
通河流域流量增幅依次为 4.8%、1.1%、4.3%、7.6%,50 年代流量增幅最大。

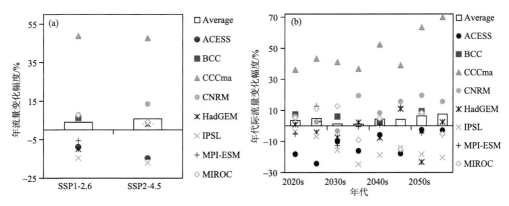

图 6.21　基于 SWAT 模型预估的 SSP1-2.6、SSP2-4.5 情景下 2021—2060 年
湟水河流域集合平均年流量(a)及年代际流量(b)变化幅度(基准期:1995—2014 年)

由 HBV 模型预估的大通河流域流量结果(图 6.22a)可知,SSP1-2.6、SSP2-4.5 情景下,
大通河流域 2021—2060 年流量较基准期均减少,减幅分别为 8.7%、8.8%。SSP1-2.6 情景
下,BCC、CCCma 模式预估的流量较基准期分别增加 7.3%、33.1%,其余模式模拟的流量均
减少,减幅为 1.5%~29.6%;SSP2-4.5 情景下,除 CCCma 和 CNRM 模式流量分别增加

32.2%、5.2%外,其余模式预估的流量均减少,减幅为5.1%~30.1%,其中,IPSL、MPI-ESM模式预估的流量减幅最大。由HBV模型预估的大通河流域流量年代际变化可知(图6.22b),SSP1-2.6情景下,21世纪20年代、30年代、40年代、50年代大通河流域流量较基准期均减少,各年代际流量减幅分别为6.3%、9.8%、10.2%、8.2%,40年代流量减幅最大。SSP2-4.5情景下,21世纪20年代、30年代、40年代、50年代大通河流域流量减少量依次为8.2%、9.7%、11.0%、6.5%,40年代流量减幅最大。

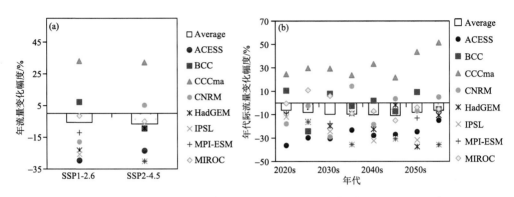

图6.22 基于HBV模型预估的SSP1-2.6、SSP2-4.5情景下2021—2060年
湟水河流域集合平均年流量(a)及年代际流量变化幅度(b)(基准期:1995—2014年)

6.7.2 大通河流域月流量变化

由SWAT模型预估的大通河流域2021—2060年集合平均预估流量(图6.23a,b)可知,SSP1-2.6、SSP2-4.5情景下,大通河流域7~9月流量较基准期减少,减幅分别为0.2%~1.1%、1.6%~2.8%;两种情景下其余各月流量均增加,增幅分别为0.1%~0.9%、0.1%~3.0%,其中,3—5月流量增幅较大;两种情景下,2041—2060年3—5月、10月流量增幅明显高于2021—2040年同期流量的变化。

根据HBV模型预估的大通河流域2021—2060年逐月流量来看(图6.23c,d),SSP1-2.6、SSP2-4.5情景下,大通河流域2021—2060年3—6月及10月流量较基准期均增加,增幅分别为0.1%~1.9%、0.2%~2.1%,4月、5月流量增幅最明显。两种情景下,1—2月、7—9月、11—12月大通河流域月流量均减少,减幅分别为0.3%~1.5%、0.2%~2.9%,7—8月流量减幅较大。

6.7.3 大通河流域月极端流量变化

由SWAT模型预估的2021—2060年大通河流域月丰水流量(Q10)和月枯水流量(Q90)集合平均结果较基准期变化(图6.24)可知,SSP1-2.6情景下大通河流域2021—2060年汛期(8月)及枯水期(2—5月)极端丰水流量较基准期均增加,增幅为0.6%~5.6%,其余月份均减少,减幅为0.3%~3.1%;SSP2-4.5情景下大通河流域2021—2060年枯水期(2—5月)极端丰水流量均增加,增幅0.9%~8.2%,其余时段均减少,减幅为0.1%~3.8%。SSP1-2.6、SSP2-4.5情景下,大通河流域2021—2060年3月、6—9月极端枯水流量较基准期增加,增幅分别为3.9%~7.1%、2.1%~9.2%,其余时段极端枯水流量减少,减幅分别为1.1%~6.2%、0.8%~8.3%。

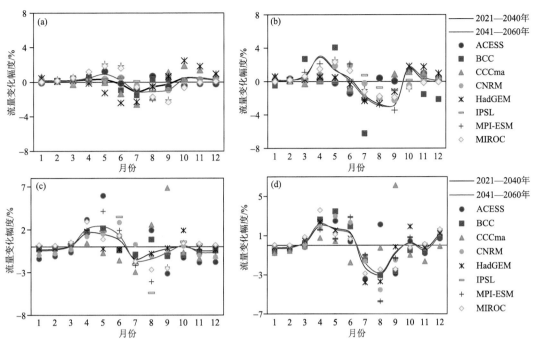

图 6.23　基于 SWAT 模型(a,b)和 HBV 模型(c,d)预估的 SSP1-2.6、
SSP2-4.5 情景下 2021—2060 年大通河流域各月流量变化幅度

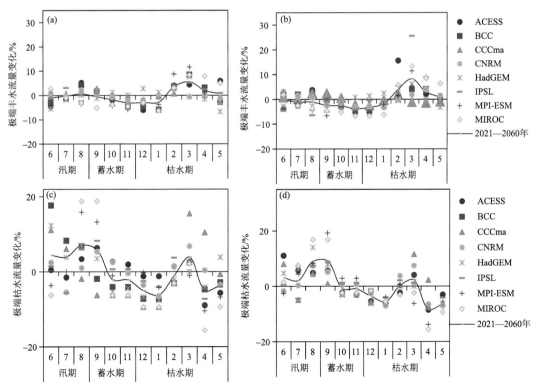

图 6.24　基于 SWAT 模型预估的 SSP1-2.6、SSP2-4.5 情景下 2021—2060 年
大通河流域极端丰水流量 Q10(a,b)及极端枯水流量 Q90(c,d)变化

由 HBV 模型预估的大通河流域 2021—2060 年月丰水流量（Q10）和月枯水流量（Q90）（图 6.25）可知,与基准期相比,SSP1-2.6、SSP2-4.5 情景下大通河流域 2021—2060 年枯水期（3—5 月、10 月）极端丰水流量增幅分别为 2.2%～17.5%、1.8%～14.5%,尤其是 4 月增幅最大;其他时段极端丰水流量均减少,减幅分别为 0.3%～8.1%、0.8%～4.8%。SSP1-2.6、SSP2-4.5 情景下,大通河流域 2021—2060 年枯水期（3—5 月、12 月）极端枯水流量减幅分别为 0.5%～6.0%、2.5%～6.7%,其他时段极端枯水流量分别增加 0.6%～3.7%、1.0%～5.9%,总体来看,两种情景下汛期、蓄水期极端枯水流量的增幅明显高于其他时段。

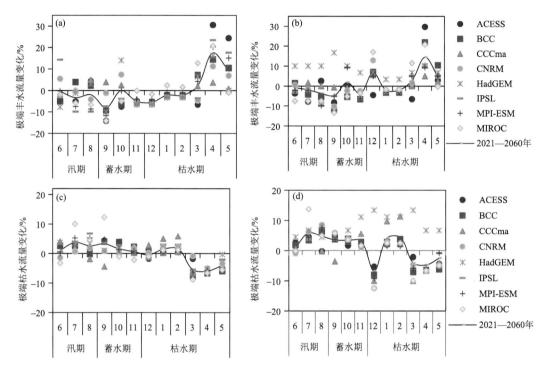

图 6.25　基于 HBV 模型预估的 SSP1-2.6、SSP2-4.5 情景下 2021—2060 年
大通河流域极端丰水流量 Q10(a,b)及极端枯水流量 Q90(c,d)变化

6.8　多模式综合集成的未来流量变化

利用 CMIP6 中 8 个 GCMs 气候模式驱动 HBV 和 SWAT 水文模型,预估了 SSP1-2.6、SSP2-4.5 两种排放情景下黄河流域青海段 2021—2060 年流量变化。为了进一步降低水文模型及不同的气候模式对流量模拟结果的不确定性影响,将两个水文模型模拟的黄河流域青海段流量进行了综合集成平均,以此来阐明碳中和愿景下黄河流域青海段水资源对未来气候变化的响应。

6.8.1　未来流量的年变化

由黄河流域青海段 2021—2060 年及其 5 个子流域未来流量综合集成预估结果（图 6.26）可知,在青海高原暖湿化进程日益明显的气候背景下,黄河流域青海段水资源对未来气候变化响应表现为高敏感,且黄河流域青海段内 5 个子流域水资源对气候变化的响应具有明显差异。

SSP1-2.6、SSP2-4.5 情景下,2021—2060 年玛曲流域、唐乃亥流域流量增幅分别为 7.6%～8.7%、7.3%～9.0%,SSP1-2.6 情景下,唐乃亥至省界流域流量增加 7.6%,而 SSP2-4.5 情景下,流量减少 4.0%,SSP1-2.6 情景下,湟水河流域、大通河流域未来 40 年流量减幅分别为8.5%、2.4%,SSP2-4.5 情景下湟水河流域、大通河流域流量减幅分别为 9.7%、1.5%,其中,湟水河流域流量减幅尤为明显。综上所述,受未来气候变化影响,SSP1-2.6、SSP2-4.5 情景下,黄河流域青海段未来流量总体呈增加态势,增幅分别为 2.8%、0.2%,但区域内子流域流量变化差异明显,玛曲流域、唐乃亥流域流量增加明显,而湟水河流域、大通河流域流量呈减少趋势,与其他流域流量变化趋势一致(王胜 等;2018;秦鹏程 等,2019;杨晨辉 等,2022)。

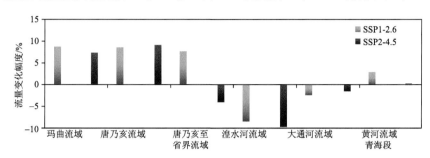

图 6.26　预估的 SSP1-2.6、SSP2-4.5 情景下 2021—2060 年黄河流域青海段及各子流域
未来流量集合平均变化

6.8.2　未来流量的月变化

气候变化导致黄河流域青海段降水量的年内分配规律产生了变化,各月流量也随之发生了变化。由两种水文模式、多气候模式综合集成的五个子流域各月流量(图 6.27)可知,与基准期相比,两种情景下,2021—2060 年黄河流域青海段内 5 个子流域 5 月、10—12 月流量增加明显,增幅在 3% 以内;2021—2060 年黄河流域青海段 5 个子流域 1—4 月、6—9 月流量较基准期减少,减少幅度在 2% 以下,各子流域 6—8 月流量的减少幅度最明显。

综上所述,受未来气候变化影响,黄河流域青海段流量年内分布特征将有所变化,黄河干流区域枯水期流量将有所增加,此外,干流区域海拔较高、人类活动的扰动小,流量对气候变化的响应更为敏感。由于选用的基准期不同,流量的增减变化在不同研究中结果存在差异(魏洁 等,2016),研究结果表明黄河兰州站以上未来径流呈增加趋势,径流冬季有所增加,夏季有所减少,但研究总体趋势与本书一致。

6.8.3　未来极端流量的变化

SSP1-2.6、SSP2-4.5 情景下,未来 40 年唐乃亥流域汛期、蓄水期极端丰水流量较基准期均增加(图 6.28),增幅为 2.1%～6.2%;其他四个子流域两种情景下汛期、蓄水期极端丰水流量均减少,减幅为 0.2%～5.6%;SSP1-2.6、SSP2-4.5 情景下,唐乃亥流域枯水期极端丰水流量减幅为 4.0%～4.3%,其余四个子流域枯水期丰水流量均增加,增幅分别为1.1%～3.7%。两种情景下唐乃亥流域汛期、蓄水期极端枯水流量减少,减幅为 3.3%～4.8%,其余四个子流域汛期、蓄水期极端枯水流量明显增加,增幅为 0.6%～7.0%;两种情景下唐乃亥流域枯水期极端枯水流量较基准期增加,增幅为 4.0%～4.3%,其余子流域两种情景下枯水期极端枯水流量均减少,减幅为 0.8%～4.1%。总体来看,SSP1-2.6、SSP2-4.5 情景下,未来 40 年黄河流

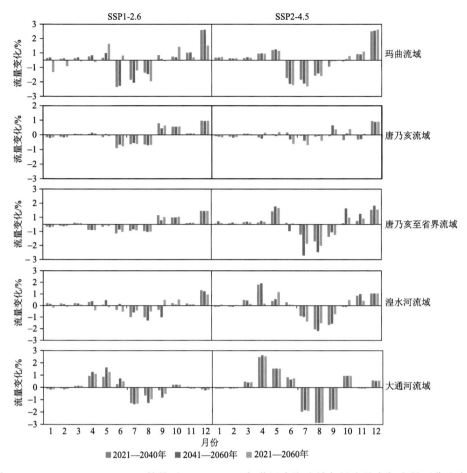

图 6.27   SSP1-2.6、SSP2-4.5 情景下 2021—2060 年黄河青海流域各月流量占年流量百分比变化

域青海段汛期极端丰水流量减少,黄河流域青海段蓄水期和枯水期极端丰水流量增加;SSP1-2.6、SSP2-4.5 情景下,未来 40 年黄河流域青海段汛期极端枯水流量增加,而黄河流域青海段蓄水期和枯水期极端枯水流量均减少,其中枯水期减少幅度尤为明显。

综上所述,受气候变化影响,不同排放情景下黄河流域青海段极端丰水流量和极端枯水流量在汛期、蓄水期及枯水期产生了变化。2021—2060 年蓄水期丰水流量有所增加,汛期各子流域极端枯水流量增加,表明未来蓄水期洪水风险可能增加,这与长江流域流量的变化特征相似(黄金龙 等,2016);而黄河流域青海段汛期干旱风险可能增加。

6.8.4   不确定性讨论

6.8.4.1   气候变化对水资源变化的响应

黄河流域青海段流量和极端水文事件的预估对整个黄河流域水资源安全具有重要意义。SSP1-2.6、SSP2-4.5 情景下,黄河流域青海段 2021—2060 年气候呈暖湿化趋势,年流量整体呈增加趋势,但各子流域内流量对气候变化的响应略有差异(图 6.28)。黄河流域青海段升温趋势与基于 CMIP5 中 8 个全球气候模式 RCP2.6、RCP4.5 和 RCP8.5 情景下 2020—2059 年相对于 1976—2015 年的升温趋势一致;研究区域湿润趋势与基于 CMIP5 下 GCMs 不同 RCP

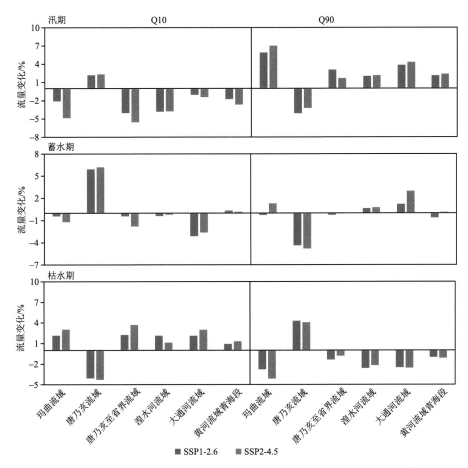

图 6.28　SSP1-2.6、SSP2-4.5 情景下 2021—2060 年黄河流域青海段汛期、
蓄水期、枯水期极端流量相对变化

情景下该区域的湿润趋势以及基于 CMIP6 中的 12 个 GCMs 在 SSP1-2.6、SSP2-4.5、SSP3-7.0 和 SSP5-8.5 情景下的研究结果较一致(Sun,2022),但黄河流域青海段干流区域年流量增加趋势的结论与另一项研究成果的减少趋势结论相反(Hu et al.,2022)。未来 40 年黄河流域青海段年内较多月份流量较基准期均增加,这可能归因于该区域暖湿化趋势特征明显的影响,其次,气温的升高会加速冰雪融水,融化的多年冻土在旱季必然会释放大量可补给地表和地下径流的水分,融雪期的提前会改变春季径流补给的时间,相反,温度的升高会导致蒸散发的增加,从而减少径流。冰川和冻土的融化机制以及径流变化的归因可能是进一步研究的重要课题。此外,生态保护工程的持续实施将大幅增加研究区的植被覆盖度,从而有效改变流量并产生长期影响。

6.8.4.2　预估结果的不确定性

基于气候模式和水文模型开展气候变化对水文过程的影响评估是量化气候变化对行业影响的重要手段,但是由于水文模型对物理过程的简化以及在参数化过程中引入的误差(武震等,2007),评估结果存在较大的不确定性,研究表明,径流预测的不确定性来源于模拟链中的各个环节,包括所选择的 SSP-RCP 情景、GCMS 气候模式、气候模式降尺度方法、水文模型和模型参数化过程,但气候变化对水文过程影响评估最大的不确定性来源是气候模式,其次是温室气体排放情景(Liu et al.,2013;Kundzewicz et al.,2020;Huang et al.,2017,2020;Liu et al.,2023b)。

由于径流对气候变化的非线性响应,径流的变化幅度及方向都存在较大的不确定性。本书基于CMIP6中的8个GCMs和2个SSP-RCP情景分析了不同的GCMs和排放情景在流量评估中的差异和不确定性,且计算了8个GCM的集合平均值,以此来降低不同的气候模式在水资源评估中的不确定性(Hattermann et al.,2018)。

参考文献

曹龙,2019.CMIP6 地球工程模式比较计划(GeoMIP)概况与评述[J].气候变化研究进展,15(5):487-492.

常国刚,李林,朱西德,等,2007.黄河源区地表水资源变化及其影响因子[J].地理学报,62(3):312-320.

陈利群,刘昌明,2007.黄河源区气候和土地覆被变化对径流的影响[J].中国环境科学,27(4):559-565.

陈仁升,吕世华,康尔泗,等,2006.内陆河高寒山区流域分布式水热耦合模型(I):模型原理[J].地球科学进展,8(21):806-818.

陈子豪,李莹莹,李凯,等,2021.基于 M-K、小波和 R/S 方法的黑河上游来水预测[J].人民黄河,43(12):29-34.

窦小东,黄玮,易琦,等,2019.LUCC 及气候变化对澜沧江流域径流的影响[J].生态学报,39(13):4687-4696.

韩添丁,叶柏生,丁永建,2004.近 40 a 来黄河上游径流变化特征研究[J].干旱区地理,27(4):553-557.

胡一阳,徐影,李金建,等,2021.CMIP6 不同分辨率全球气候模式对中国降水模拟能力评估[J].气候变化研究进展,17(6):730-743.

黄国如,武传号,刘志雨,等,2015.气候变化情景下北江飞来峡水库极端入库洪水预估[J].水科学进展,26(1):10-19.

黄金龙,王艳君,苏布达,等,2016.RCP4.5 情景下长江上游流域未来气候变化及其对径流的影响[J].气象,42(5):614-620.

姜彤,吕嫣冉,黄金龙,等,2020.CMIP6 模式新情景(SSP-RCP)概述及其在淮河流域的应用[J].气象科技进展,10(5):102-109.

康世昌,郭万钦,吴通华,等,2020."一带一路"区域冰冻圈变化及其对水资源的影响[J].地球科学进展,35(1):1-17.

蓝永超,林舒,李州英,等,2006.近 50 a 来黄河上游水循环要素变化分析[J].中国沙漠,26(5):849-854.

李纯,姜彤,王艳君,等,2022.基于 CMIP6 模式的黄河上游地区未来气温模拟预估[J].冰川冻土,44(1):171-178.

李红梅,颜亮东,温婷婷,等,2022.三江源地区气候变化特征及其影响评估[J].高原气象,41(2):306-316.

李林,申红艳,戴升,等,2011.黄河源区径流对气候变化的响应及未来趋势预测[J].地理学报,66(9):1261-1269.

李林,汪青春,张国胜,等,2004.黄河上游气候变化对地表水的影响[J].地理学报,59(5):716-722.

李谦,张静,宫辉力,2015.基于 SUFI-2 算法和 SWAT 模型的妫水河流域水文模拟及参数不确定分析[J].水文,35(3):43-48.

李万志,刘玮,张调风,2018.气候和人类活动对黄河源区径流量变化的贡献率研究[J].冰川冻土,40(5):985-995.

林凯荣,何艳虎,陈晓宏,2012.气候变化及人类活动对东江流域径流影响的贡献分解研究[J].水利学报,43(11):1312-1321.

林志强,洪健昌,尼玛吉,等,2016.基于 HBV 模型的尼洋曲流域上游洪水致灾临界雨量研究[J].水土保持通报,36(4):22-26.

刘昌明,李道峰,田英,等,2003.基于 DEM 的分布式水文模型在大尺度流域应用研究[J].地理科学进展,22

(5):437-445.

刘绿柳,王秀杰,张鹏飞,2020.基于SWAT模型的气候变化和人类活动对伊洛河径流影响分析[J].人民珠江,41(1):1-6.

刘绿柳,魏麟骁,徐影,等,2021.气候变化对黄河流域生态径流影响预估[J].水科学进展,32(6):824-833.

刘鸣彦,孙凤华,周晓宇,等,2021.基于HBV模型的太子河流域致洪临界雨量的确定[J].沙漠与绿洲气象,15(5):109-115.

刘秀,刘永和,赵建民,等,2019.1998年以来黄河干流水资源变化特征分析[J].人民黄河,41(2):70-75.

刘义花,鲁延荣,周强,等,2015.HBV水文模型在玉树巴塘河流域洪水临界雨量阈值研究中的应用[J].水土保持研究,22(2):224-228.

刘义花,李红梅,李林,等,2021.基于多模型适用的大通河流域洪水临界雨量阈值研究与比较分析[J].湖北农业科学,60(9):26-31.

吕锦心,刘昌明,梁康,等,2022.基于水资源分区的黄河流域极端降水时空变化特征[J].资源科学,44(2):261-273.

吕振豫,2017.黄河上游区人类活动和气候变化对水沙过程的影响研究[D].北京:中国水利水电科学研究院.

穆兴民,张秀勤,高鹏,等,2010.双累积曲线方法理论及在水文气象领域中应注意的问题[J].水文,30(4):47-51.

秦鹏程,刘敏,杜良敏,等,2019.气候变化对长江上游径流影响预估[J].气候变化研究进展,15(4):405-415.

商放泽,王可昳,黄跃飞,等,2020.基于Budyko假设的三江源径流变化特性及量化分离[J].同济大学学报(自然科学版),48(2):305-316.

苏贤保,李勋贵,张建香,等,2021.气候变化和人类活动对黄河上游径流量的时空差异[J].兰州大学学报(自然科学版),57(3):285-293.

孙永寿,李燕,杨芳,等,2023.变化环境下"中华水塔"水资源及产流规律变化分析研究[J].水资源与水工程学报,34(3):55-63.

王道席,田世民,蒋思奇,等,2020.黄河源区径流演变研究进展[J].人民黄河,42(9):90-95.

王欢,李栋梁,2019.黄河源区径流量变化特征及其影响因子研究进展[J].高原山地气象研究,33(2):93-99.

王静,胡兴林,2011.黄河上游主要支流径流时空分布规律及演变趋势分析[J].水文,3(3):90-95.

王胜,许红梅,刘绿柳,等,2018.全球增温1.5℃和2℃对淮河中上游径流量的影响预估,自然资源学报,33(11):1996-1978.

王学良,李洪源,陈仁升,等,2022.变化环境下1956—2020年黄河兰州站以上干支流径流演变特征及驱动因素研究[J].地球科学进展,37(7):726-741.

王有恒,谭丹,韩兰英,等,2021.黄河流域气候变化研究综述[J].中国沙漠,41(4):235-246.

魏洁,畅建霞,陈磊,2016.基于VIC模型的黄河上游未来径流变化分析[J].水力发电学报,35(5):65-74.

吴佳,高学杰,2013.一套格点化的中国区域逐日观测资料及与其它资料的对比[J].地球物理学报,56(4):1102-1111.

武震,张世强,丁永建,2007.水文系统模拟的不确定性研究进展[J].中国沙漠,27(5):890-896.

杨晨辉,王艳君,苏布达,等,2022.SSP"双碳"路径下赣江流域径流变化趋势[J].气候变化研究进展,18(2):177-187.

杨军军,高小红,李其江,等,2013.湟水流域SWAT模型构建及参数不确定性分析[J].水土保持研究,20(1):82-88.

杨旭,申泓彦,王超,等,2022.1961—2020年伊洛河流域径流量变化及归因分析[J].河南科学,40(11):1786-1793.

杨绚,李栋梁,汤绪,2014.基于CMIP5多模式集合资料的中国气温和降水预估及概率分析[J].中国沙漠,34(3):795-804.

杨雪琪,武玮,郑从奇,等,2023.基于 Budyko 假设的沂河流域径流变化归因识别[J].水土保持研究,30(2):100-106.

于海超,张扬,马金珠,等,2020.1969—2018 年黄河实测径流与天然径流的变化[J].水土保持通报,40(5):1-7.

张淑兰,王彦辉,于澎涛,等,2010.定量区分人类活动和降水量变化对径河上游径流变化的影响[J].水土保持学报,24(4):53-58.

张小兵,柳礼香,2020.1998—2018 年黄河流域水资源变化特征研究[J].地下水,42(5):187-291.

赵梦霞,苏布达,姜彤,等,2021.CMIP6 模式对黄河上游降水的模拟及预估[J],高原气象,40(3):547-558.

周帅,王义民,郭爱军,等,2018.气候变化和人类活动对黄河源区径流影响的评估[J].西安理工大学学报,34(2):205-210.

左德鹏,徐宗学,2012.基于 SWAT 模型和 SUFI-2 算法的渭河流域月径流分布式模拟[J].北京师范大学学报(自然科学版),48(5):490-496.

ARNOLD J G,SRINIVASAN R,MUTTIAH R S,1998. Large area hydrologic modeling and assessment part I:Model development[J]. J Am Water Resour Assoc,34:73-89.

BEVEN K L,2000. Rainfall-runoff modeling[M]. New York:The Primer John Wiley & Sons.

HATTERMANN F F,VETTER T,BREUER L,et al,2018. Sources of uncertainty in hydrological climate impact assessment:A cross-scale study[J]. Environ Res Lett,13,015006.

CHEN H P,SUN J Q,LIN W Q,et al,2020. Comparision of CMIP6 and CMIP5 models in simulating climate extremes[J]. Science Bulletin,65,1415-1418.

HOU B,JIANG C,SUN O J,2020. Differential changes in precipitation and runoff discharge during 1958—2017 in the headwater region of Yellow River of China[J]. J Geogr Sci,30:1401-1418.

HU J,WU Y,SUN P,et al,2022. Predicting long-term hydrological change caused by climate shifting in the 21st century in the headwater area of the Yellow River Basin[J]. Stoch Environ Res Risk Assess,36:1651-1668.

HUANG S,KUMAR R,FLÖRKE M,et al,2017. Evaluation of an ensemble of regional hydrological models in 12 large-scale river basins worldwide[J]. Clim Chang,141:381-397.

HUANG S,SHAH H,ZAZ B S,et al,2020. Impacts of hydrological model calibration on projected hydrological changes under climate change a multi-model assessment in three large river basins[J]. Clim Chang,163:143-1164.

JI G,LAI Z,XIA H,et al,2021. Future runoff variation and flood disaster prediction of the Yellow River Basin based on CA-Markov and SWAT[J]. Land,10:421.

JING T,GUO S,DENG L,et al,2021. Adaptive optimal allocation of water resources response to future water availability and water demand in the Han River Basin,China[J]. Sci Rep,11:7879.

KUNDZEWICZ Z W,KRYSANOVA V,DANKERS R,et al,2020. Differences in flood hazard projections in Europe-their causes and consequences for decision making[J]. Hydrol Sci J,62,1-14.

LAN Y C,ZHAO G H,ZHANG Y N,et al,2010. Response of runoff in the headwater region of the Yellow River to climate change and its sensitivity analysis[J]. J Geogr Sci,20(6):848-868.

LIU L L,FISCHER T,JIANG T,et al,2013. Comparison of uncertainties in projected flood frequency of the Zhujiang River,South China[J]. Quat Int,304:51-61.

LIU L L,JIANG T,XU H M,2018. Potential threats from variation of hydrological parameters to the Yellow River and Pearl River Basins in China over the next 30 years[J]. Water,10:883.

LIU L L,XIAO C,LIU Y H,2023a. Projected water scarcity and hydrical extreme in the Yellow River Basin in the 21st century under SSP-RCP senarios[J]. Water,15:446.

LIUI Y H,LIU L L,LI L,et al,2023b. Changes in runoff in the source region of the Yellow River Basin based on CMIP6 data under the goal of carbon neutrality[J]. Water,15:2457.

MORIASI D N,GITAU M W,PAI N,et al,2015. Hydrologic and water quality models:Performance measure and evaluation criteria[J]. Trans Am Soc Agric Biol Eng,58:1763-1785.

PAN Z K,LIU P,GAO S D,et al,2019. Improving hydrological projection performance under contrasting climatic conditions using spatial coherence through a hierarchical Bayesian regression framework[J]. Hydrol Earth Syst Sci,23:3405-3421.

PANDI D,KOTHANDARAMAN S,KUPPUSAMY M,2023. Simulation of water balance components using SWAT model at sub catchment level[J]. Sustainability,15:1438.

SI J,LI J,YANG Y,et al,2022. Evaluation and prediction of groundwater quality in the source region of the Yellow River[J]. Water,14:3946.

SU B D,HUANG J L,GEMMER M,et al,2016. Statistical downscaling of CMIP5 multi-model ensemble for projected changes of climate in the Indus River Basin[J]. Admospheric Research:178-179,138-149.

SUN Z,LIUI Y,ZHANG J,et al,2022. Projecting future precipitation in the Yellow River Basin based on CMIP6 models[J]. J Appl Meteorol Climatol,61:1399-1417.

WEI L,LIU L,JIANG C,et al,2022. Simulation and projection of climate extremes in China by a set of statistical downscaled data[J]. Int Environ Res Public Health,19:6398.

WOOD A W,LEUNG L R,SRIDHAR V,et al,2004. Hydrologic implications of dynamical and statistical approaches to downscaling climate model outputs[J]. Clim Chang,62:189-216.

WU J,ZHENG H Y,XI Y,2019. SWAT-based runoff simulation and runoff responses to climate change in the headwaters of the Yellow River,China[J]. Atmosphere,10:509.

XIN X,WU T,ZHANG J,et al,2020. Comparison of CMIP6 and CMIP5 simulations of precipitation in China and the East Asian summer monsoon[J]. Int J Climatol,40:6423-6440.

XU Y,GAO X J,SHEN Y,et al,2009. A daily temperature dataset over China and its application in validating a RCM simulation[J]. Adv Atmos Sci,26:763-772.

YANG X L,ZHOU B T,XU Y,et al,2021. CMIP6 evaluation and projection of temperature and precipitation over China[J]. Advances in Atmospheric Sciences(38):817-830.

ZHANG G W,ZENG G,YANG X Y,et al,2021. Future changes in extreme high temperature over China at 1.5 ℃－5 ℃ global warming based on CMIP6 simulation[J]. Advances in Atmospheric Sciences,38:253-267.